MUSEO GALILEO
ISTITUTO E MUSEO DI STORIA DELLA SCIENZA
FIRENZE

BIBLIOTECA DI
NUNCIUS
STUDI E TESTI
LXXX

APPUNTI DI UN GESUITA SCIENZIATO

I diari di viaggio di Angelo Secchi SJ 1860-1875

a cura di

ILEANA CHINNICI

Leo S. Olschki
Firenze
MMXXII

CASA EDITRICE LEO S. OLSCHKI
Viuzzo del Pozzetto, 8
50126 Firenze
www.olschki.it

La presente pubblicazione è stata realizzata con il contributo
del Comitato Nazionale per le celebrazioni del bicentenario della nascita
di Angelo Secchi SJ

ISBN 978 88 222 6766 5

PREFAZIONE

Padre Angelo Secchi può essere considerato il fondatore dell'astrofisica moderna, nella quale osservazioni astronomiche e descrizione fisica dei fenomeni si completano e si arricchiscono. La sua opera, innovativa e incisiva, ha lasciato il segno nella seconda metà dell'800 in molti campi della fisica, meteorologia, geodesia, oltre che dell'astronomia e astrofisica. È uno scienziato attivissimo e moderno, che coniuga il notevole genio individuale con una continua discussione scientifica con innumerevoli scienziati suoi pari, sparsi in tutto il mondo, realizzando forse per la prima volta una vera e propria rete nella comunità scientifica internazionale: tutto questo comprovato da una sterminata corrispondenza conservata negli archivi.

La vita da scienziato moderno di Angelo Secchi traspare dai diari dei suoi viaggi all'estero, qui pregevolmente raccolti e pubblicati grazie al lavoro rigoroso e intenso di Ileana Chinnici.

Il viaggio scientifico è un aspetto fondamentale della vita degli scienziati, oggi come ai tempi di Secchi. Nel viaggio, visitando colleghi, laboratori, istituzioni, si impara, si condividono le informazioni e le idee, si realizzano nuove misure e nuove osservazioni, si stabiliscono le basi per future collaborazioni, si creano nuove comunità scientifiche. Si esce dalle quattro mura, spesso anguste, del proprio studio o laboratorio, per immergersi e contribuire all'incedere collettivo della Scienza.

Padre Secchi ha viaggiato moltissimo, in tempi in cui gli spostamenti non erano banali, sia partecipando a spedizioni scientifiche per le osservazioni delle eclissi, sia visitando istituzioni e osservatori, sia partecipando a congressi scientifici. Nei suoi viaggi cura prioritariamente l'attività scientifica, visitando istituzioni e officine, ma non trascura di visitare musei, collezioni, monumenti, parchi, attrazioni paesaggistiche. E riporta tutto nei suoi diari, registrando scientificamente le sue impressioni e i suoi commenti. Questa edizione dei diari permetterà di apprezzare a fondo, grazie al racconto in prima persona dello stesso protagonista, la grandezza di Secchi e del suo modo di fare scienza.

La pubblicazione dei diari dei viaggi di Secchi si inserisce tra le maggiori attività del Comitato Nazionale per le Celebrazioni del Bicentenario della nascita di Angelo Secchi SJ. Il Comitato è stato istituito dal Ministero per i Beni e le Attività Culturali ed il Turismo con Decreto Ministeriale n. 570 del 20.12.2017, e promosso congiuntamente da due enti: l'*Accademia Nazionale delle Scienze detta dei XL* (presieduta dalla compianta prof. Emilia Chiancone) ha voluto commemorare il suo illustre socio come già fece nel centenario della sua scomparsa; l'*Istituto Nazionale di Astrofisica* (INAF) ha voluto valorizzare la sua figura nell'ambito della sua promozione culturale in ambito storico-scientifico. Sotto la guida esperta del prof. Nicolò D'Amico, presidente dell'INAF, recentemente e improvvisamente scomparso, il Comitato ha realizzato e promosso eventi, spettacoli teatrali, mostre, conferenze internazionali, workshop interdisciplinari centrati sulla straordinaria figura di Padre Angelo Secchi.

Troppo spesso figure italiane di spicco vengono dimenticate, nonostante la loro grandezza e l'attualità del loro messaggio. Il Comitato si è impegnato a ravvivare l'interesse verso Padre Angelo Secchi. La pubblicazione di questi diari ne è una prova di altissima qualità.

Paolo de Bernardis
Sapienza Università di Roma e Accademia XL
Presidente del Comitato Nazionale
per le Celebrazioni del Bicentenario della nascita
di Angelo Secchi SJ

INTRODUZIONE

L'importanza della figura del gesuita Angelo Secchi, nel panorama scientifico internazionale del XIX secolo, è stata evidenziata da una serie di studi biografici ed archivistici che, a partire dagli anni Novanta, hanno richiamato l'attenzione degli storici. La pubblicazione dei carteggi Secchi-Schiaparelli [1] e Secchi-Tacchini,[2] dell'inventario della corrispondenza di Secchi conservata presso l'Osservatorio Astronomico di Roma,[3] dell'inventario del fondo Secchi presso la Pontificia Università Gregoriana [4] e la redazione di quello conservato presso l'Osservatorio di Roma,[5] sono state le tappe principali che hanno portato alla pubblicazione delle recenti biografie dello scienziato reggiano in italiano [6] ed in inglese.[7] Il bicentenario della nascita di Secchi, che è stato ricordato nel 2018 con diverse iniziative, è stata l'occasione per continuare ad approfondire i suoi contributi scientifici, e ha permesso di realizzare ulteriori lavori di ricerca.[8]

La pubblicazione dei diari di Secchi è dunque l'ultima tappa di un lungo percorso di studio sulla vita e sull'attività scientifica dello scienziato gesuita

---

1 *G.V. Schiaparelli, A. Secchi - Corrispondenza (1861-1878)*, a cura di L. Buffoni, A. Manara, P. Tucci, Università degli Studi di Milano, Osservatorio Astronomico di Brera, Milano, Edi. Artes, 1991.

2 I. Chinnici – A. Gasperini, *Alle origini dell'astrofisica italiana: il carteggio Secchi-Tacchini 1861-1877*, Atti della Fondazione Ronchi CXVI, Firenze, 2013.

3 A. De Simone – G. Monaco, *La Corrispondenza Degli Astronomi. I. Porro, A. Secchi, L. Respighi, A. Dorna*, vol. I, Roma, 1996.

4 I. Chinnici – W. Gramatowski S.J., *Le carte di Angelo Secchi S.J. (1818-1878) conservate presso la Pontificia Università Gregoriana. Un inventario inedito rivisitato*, «Nuncius», XVI, 2001, pp. 571-627.

5 *L'Osservatorio astronomico di Roma. Inventario*, a cura di M. Grossi, S. Trani, F. Perrone, 2016 (pro manuscripto), pp. 194-222.

6 *Angelo Secchi. L'avventura scientifica del Collegio Romano*, a cura di A. Altamore, S. Maffeo, Foligno, Edizioni Quater, 2012; M.U. Lugli, *Angelo Secchi*, Modena, Accademia nazionale di scienze, lettere ed arti di Modena, 2018.

7 I. Chinnici, *Decoding the Stars. A Biography of Angelo Secchi, Jesuit and Scientist*, Leiden-Boston, Brill, 2019.

8 I. Chinnici – G. Consolmagno (eds.), *Angelo Secchi and Nineteenth Century Science. The Multidisciplinary Contributions of a Pioneer and Innovator*, Springer, 2021.

che, malgrado la dovizia di ricerche finora effettuate, rimangono ancora inesplorate sotto vari aspetti, tanto ricca è stata la sua produzione scientifica e variegato il suo bagaglio di esperienze vissute.

Valore storico-scientifico dei diari di Secchi

Perché pubblicare i diari di viaggio di Padre Secchi? Per la sua epoca, egli fu un attivo viaggiatore, spostandosi frequentemente in Italia e all'estero. I suoi diari di viaggio ci restituiscono lo scienziato in tutta la sua personalità, umana e professionale. Scritti velocemente, a volte di getto, a volte ricopiando degli appunti sparsi, manifestano la curiosità, l'ironia, la rabbia, lo stupore dell'uomo, dello scienziato, del gesuita. Ciò che colpisce l'attenzione di chi li legge oggi, è la sua capacità e la sua voglia di raccontare: a volte, per non ripetere il racconto, nei diari egli rinvia alle lettere inviate a fratel Francesco Marchetti SJ (1823-1898), suo assistente, nonché amico e confidente, al quale era profondamente legato e col quale si sentiva libero di esprimersi. Così pure nei suoi diari, Secchi scrive in libertà, senza filtri, a volte con linguaggio poco ortodosso, e con giudizi poco diplomatici. Sembra improbabile che pensasse di pubblicare questi diari; a volte però sembra rivolgersi a un potenziale lettore, o forse al diario stesso, come ad un amico o compagno spirituale, con cui condividere le gioie, le fatiche, le prove. Il diario diventa quindi testimone diretto delle sue sofferenze e dei suoi successi, custode di quelle vicende personali, che difficilmente emergono pubblicamente, se non spesso con delle storture, di cui Secchi si duole e sente il bisogno di dire la sua verità. I suoi diari (come pure i taccuini, in modo più disordinato) sono ricolmi di nomi, indirizzi, luoghi, appunti, considerazioni personali e scientifiche, a volte schizzi e riferimenti bibliografici, giudizi e impressioni su istituzioni, persone e strumenti: ne viene fuori il ritratto di una personalità vivace, molto aperta alle relazioni, che non perde occasione per visitare persone e istituzioni, e che non si limita solo all'ambito scientifico, ma visita anche collegi, musei, biblioteche, dimore storiche, attrazioni, luoghi paesaggistici. Un personaggio a tutto tondo, che ha saputo interpretare il suo essere gesuita e scienziato in modo decisamente avanti coi tempi – e per questo in vita, spesso si è attirato giudizi, incomprensioni, ostilità.

I diari di viaggio sono solo un campione dello sterminato patrimonio archivistico che Secchi ha lasciato. La sua estesa rete di relazioni e la sua molteplicità di interessi hanno fatto sì che lettere di Secchi si trovino disseminate un po' ovunque, nelle varie istituzioni italiane[9] ed internazionali.

---

[9] M. Gargano – A. Gasperini, "Secchi's diffuse correspondence in Italian archives", in

In Italia, i due principali fondi che conservano carte di Secchi si trovano presso gli archivi della Pontificia Università Gregoriana, a Roma, e dell'INAF-Osservatorio Astronomico di Roma, a Monte Porzio Catone (Roma). È da supporre infatti che, all'atto dell'esproprio dell'Osservatorio del Collegio Romano da parte del Governo Italiano, solo le carte più propriamente scientifiche siano rimaste nell'archivio dell'Osservatorio, mentre è certo che il consistente corpo dei suoi documenti personali sia stato spostato in altra sede dai suoi confratelli gesuiti, come vedremo nel seguito, per poi confluire nell'archivio della Pontificia Università Gregoriana.

Il fondo Secchi dell'Osservatorio Astronomico di Roma

In ordine cronologico, il primo dei diari qui trascritti, relativo alla spedizione in Spagna per l'eclisse totale di sole del 1860, si trova conservato presso l'Archivio storico dell'INAF-Osservatorio Astronomico di Roma[10] (nel seguito AOAR). L'Archivio raccoglie registri di osservazioni, diari, appunti e corrispondenza, provenienti dagli archivi dei due principali osservatori astronomici in attività a Roma dal XIX secolo fino alla prima metà del XX secolo, ovvero l'Osservatorio del Campidoglio e quello del Collegio Romano, oltre ad un piccolo fondo relativo al Museo Astronomico e Copernicano, creato e annesso a quest'ultimo alla fine dell'Ottocento. Il diario qui trascritto fa parte del fondo "Angelo Secchi", che appartiene alla sezione Archivi dei direttori del Collegio Romano. Tra documenti personali, corrispondenza e scritti scientifici, nel fondo Secchi si contano più di cento manoscritti, sotto forma di taccuini e appunti (circa 2500 fogli a due facciate), circa 500 corrispondenze a lui dirette,[11] e oltre 50 minute di suo pugno. Altri documenti relativi all'attività di Angelo Secchi si trovano anche presso la sezione dedicata all'attività scientifica dell'Osservatorio del Collegio Romano, quali le serie di osservazioni astronomiche condotte ai telescopi Cauchoix e Merz, e le serie di osservazioni meteorologiche, magnetiche, geodetiche; opportunamente normalizzate, alcune di queste serie storiche sono di attuale interesse nel campo dell'astrofisica solare e della meteorologia.

Chinnici – Consolmagno (eds.), *Angelo Secchi and the Nineteenth Century Science* (cit. nota 8), pp. 343-362.

[10] Vedi nota 5. L'inventario dell'Archivio storico dell'INAF-Osservatorio Astronomico di Roma è consultabile online all'indirizzo: www.beniculturali.inaf.it/opac/archivi/roma.

[11] Vedi De Simone – Monaco, *La Corrispondenza degli Astronomi*, cit. nota 3, pp. 83-112.

Il Fondo Secchi della Pontificia Università Gregoriana

I restanti diari qui trascritti si trovano conservati nel Fondo Secchi dell'Archivio Storico della Pontificia Università Gregoriana (nel seguito APUG), che è in assoluto il fondo più consistente. Costituito da manoscritti, pubblicazioni e un imponente epistolario relativi all'attività accademica e scientifica dello scienziato, tale archivio, costituitosi presso l'Osservatorio del Collegio Romano, a seguito dell'esproprio di quest'ultimo nel 1879, fu inizialmente depositato presso casa per gli Esercizi Spirituali "La Cecchina", oggi sede della Curia Generalizia dei Gesuiti, per poi essere trasferito, negli anni Trenta, nella nuova sede della Pontificia Università Gregoriana, insieme ad altri fondi storici. Si tratta di un fondo molto complesso, sia per la sua consistenza (la sola corrispondenza è costituita da oltre 8.000 lettere), sia per la quantità di temi scientifici trattati (meteorologia, fisica, astronomia, ecc.), sia per la varietà dei testi redatti da Secchi e destinati a pubblici diversi. Nel 2001 è stato pubblicato l'inventario [12] del fondo, mentre dal 2010 è possibile l'accesso online alle schede dei manoscritti.[13] Il Bicentenario della nascita di Angelo Secchi ha permesso all'APUG di investire nella valorizzazione del Fondo, sia attraverso appositi interventi per restaurare e condizionare circa la metà delle carte della corrispondenza,[14] sia attraverso l'apertura del "Angelo Secchi Project" sulla piattaforma digitale GATE.[15]

I documenti trascritti: selezione e descrizione

Dovendo operare una selezione tra le numerose carte d'archivio relative ai viaggi di Secchi, si è scelto qui di pubblicare solo i diari relativi ai suoi principali viaggi all'estero, con la sola eccezione dei viaggi in Sicilia e

---

[12] Vedi nota 4.

[13] Le schede sono state riversate sulla piattaforma MANUS: https://manus.iccu.sbn.it/

[14] Gli interventi sono stati finanziati dal Comitato Nazionale per il Bicentenario della Nascita di Angelo Secchi.

[15] Su GATE – piattaforma open source, aperta alla collaborazione dei ricercatori – confluiranno integralmente le corrispondenze (ad oggi risultano inserite circa 500 lettere) e tutte le opere, selezionate in base ai diversi progetti di digitalizzazione dell'APUG. L'inserimento dei documenti, corredati della trascrizione e della annotazione semantica dei testi, consentirà di navigare tra le risorse e incrementare le conoscenze dei contenuti del fondo; L. Mancini – M.M. Morales, "GATE (Gregorian Archives Texts Editing): An Online Resource of Angelo Secchi Correspondence", in Chinnici – Consolmagno (eds.), *Angelo Secchi and the Nineteenth Century Science* (cit. nota 8), pp. 363-371.

Calabria, particolarmente significativi perché sono gli ultimi effettuati dallo scienziato gesuita. Esistono poi, soprattutto in APUG, tutta una serie di appunti e diari di viaggi in Italia, di minore importanza o di interesse locale, che non sono stati qui riportati.

Come già detto, il primo dei diari trascritti è relativo alla spedizione in Spagna per l'eclisse totale di sole del 1860. Questo diario, benché incompleto, è l'unico che si conservi in un Osservatorio, dal momento che, come abbiamo visto, gli altri diari di viaggio di Secchi sono invece conservati presso la Pontificia Università Gregoriana (dove però sono conservati il passaporto ed il taccuino di questo viaggio).[16] Il relativo fascicolo è così descritto nell'inventario AOAR, Fondo Secchi:

"Eclisse totale di sole del 18 luglio 1860" (AOAR I.D.213)

All'interno è presente una coperta originale con titolo [...] "Secchi. Oss(ervazioni) dell'eclisse 1860; manoscritti, disegni, lettere" e l'etichetta "R. Museo Copernicano. 27". È inoltre presente una coperta con il titolo "Spedizione di Las Palmas. Eclissi solare del 18 luglio 1860".[17]

Diversamente dai diari dell'APUG (che sono quaderni rilegati), qui il diario è costituito da una serie di fogli sciolti. La cronaca giornaliera del diario copre i primi giorni della spedizione e descrive i preparativi; le osservazioni del giorno dell'eclisse sono invece raccolte nella lettera a Marchetti, inserita nello stesso fascicolo, la cui trascrizione è stata anch'essa qui riportata per ragioni di completezza. Il fascicolo contiene anche altri manoscritti, materiale a stampa, fotografie e disegni, di cui si dirà dopo.

Nello stesso fondo, va segnalata l'esistenza di un secondo manoscritto, che riguarda invece la parte meteorologica e geomagnetica, il cui fascicolo è così descritto:

"Meteorologia. Eclisse del 1860" (AOAR I.D. 218)

Contiene solo un quaderno di appunti con l'etichetta "Meteorologia. Declinometro": diario della spedizione in Spagna e delle osservazioni eseguite, in cui si descrivono le attività della spedizione, le campagne fotografiche, ecc. Al quaderno è incollato un opuscolo a stampa [18] [...].[19]

---

16 Vedi, rispettivamente: APUG, Fondo Secchi, 26A.1 e 26B.2.

17 *L'Osservatorio astronomico di Roma* (cit. nota 5), p. 217; segue descrizione dettagliata del contenuto del fascicolo: *ivi*, pp. 217-218.

18 E. Novella, *Informe de lo occurrido en la expedicion que fué al Moncayo à observar el eclipse de sol del 18 de julio ùltimo, presentado al excmo. sr. Comisario regio del Observatorio de Madrid*, Ma-

Anche di questo manoscritto è stata effettuata la trascrizione, riportata in appendice al primo diario; esso contiene diverse tabelle di dati con annotazioni e alcuni schizzi e mostra, a titolo di esempio, come i diari siano scritti a partire da appunti disordinati.

I diari dei viaggi successivi, come già detto, sono conservati presso l'APUG, e fanno parte di una precisa sottoserie del fondo Secchi, la 23.II. Di questi diari, tra gli anni Trenta e Quaranta, venne pubblicata una prima versione da p. Giuseppe Castellani SJ (1904-1976), sotto forma di articoli su *La Civiltà Cattolica*.[20] I diari pubblicati da Castellani, pur essendo nel complesso abbastanza fedeli, presentano alcuni errori di trascrizione, sono scarsamente annotati, e a volte presentano censure o omissioni; inoltre, dal confronto con gli originali, si evince che contengono qua e là delle integrazioni, probabilmente tratte dalle lettere di Secchi a fratel Marchetti o ad altri suoi confratelli del Collegio Romano. Di questo lavoro di Castellani si trova chiara traccia nella suddetta sottoserie archivistica, che viene così descritta nell'inventario del 2001:

23. Secchi Angelo S. I.

II. Diari:

A - *Esposizione del 1867. Svizzera; Viaggio in Inghilterra e ritorno per la Svizzera*; 45 ff. *Conti più gravi*; ff. 70v.

B - *Giornale per triangolazione 6 maggio - 3 agosto 1870, 6 settembre - 9 ottobre 1870*; 52 ff; + trascrizione dattiloscritta XXIV ff.

C - *Primo viaggio a Parigi per il metro e ritorno per la Svizzera e la Lombardia - agosto 1870;* ff.1-26. *Viaggio in Sicilia per l'eclisse del sole - 31 ottobre 1870 - genn[aio] 1871.* Affare dell'indirizzo al S. Padre de' professori nel 1871 contro Döllinger - 6 maggio 1871; ff. 52-56.

D - *Spese da Torino a Parigi*; ff. 1v-4. *Diario 1872. Secondo viaggio a Parigi pel metro internazionale - 20 sett[embre] - 19 ottobre 1872*; ff. 5-46 + Pubblica-

---

drid, Imprenta Nacional, 1860. Eduardo Novella y Contreras (1818-1863), primo astronomo dell'Osservatorio di Madrid, era a capo di una seconda spedizione spagnola che andò ad attestarsi sul monte Moncayo, nella catena del Sistema Iberico (J.J. Diaz Diaz, "La primera fotografía de las protuberancias solares fue hecha en España. El eclipse de sol de 1860 y la Real Academia de Ciencias", *Revista de la Real Academia de Ciencias Exactas y Fisica Natural*, vol. 107 [1-2], 2014, pp. 9-42).

19 *L'Osservatorio astronomico di Roma* (cit. nota 5), p. 218.

20 G. Castellani, *Il P. Angelo Secchi S. I. e le sue missioni scientifiche*, «La Civiltà Cattolica», IV, 1933, pp. 606-620; Id., *L'Esposizione Universale del 1867. Dal "Giornale di viaggio" inedito del p. Angelo Secchi*, «La Civiltà Cattolica», III, 1942, pp. 224-232; 291-298; *ivi*, IV, 1942, pp. 33-43; 162-172; 301-308; Id., *Storia di una spedizione del P. Angelo Secchi (agosto-ottobre 1872)*, «La Civiltà Cattolica», XI, 1944, pp. 159-162.

zioni del p. Castellani su *Civiltà Cattolica*; 24 ff. *Espulsione del 1873*; ff. 47-52 + trascrizione; 6 ff. *La Signora Scarpellini*; ff. 53-57. *Viaggio in Sicilia ed a Cosenza 1875*; ff. 57v-68 + trascrizione; 6 ff.

La sottoserie include quindi dei dattiloscritti attribuiti – o attribuibili – a Castellani.[21] I diari si presentano sotto forma di quaderni, contenenti da 60 a 70 pagine, con coperta rigida scura semplice (diario A), o con decorazioni a rilievo e controcopertina in carta decorata (diario C), oppure con coperta morbida in carta marmorizzata (diario D); tutte le pagine sono numerate a timbro sul fronte, in basso a destra.

Nella presente pubblicazione, che intende dare rilevanza solo ai principali viaggi internazionali di Secchi, non è inserito il diario B, relativo alle operazioni di triangolazione per la misura del grado del meridiano centrale europeo.[22] È stata effettuata la trascrizione integrale del diario A; i diari C e D sono stati trascritti tralasciando, per omogeneità di contenuto, gli appunti non inerenti al viaggio.[23]

Va poi segnalata l'esistenza di una seconda sottoserie, la 26B, contenente i taccuini di viaggio, con copertina rigida scura decorata a rilievo, fermaglio metallico, e tasche interne alla copertina;[24] in essi si trovano annotati, in modo disordinato, indirizzi, appunti, nomi, spese, ecc. Il raffronto tra questi documenti e i diari veri e propri, conferma che parte dei diari sono stati scritti da Secchi sulla base di questi appunti sparsi. Avendo già dato un esempio di tali materiali nel primo diario, non si è ritenuto necessario trascriverli.[25]

Infine, va segnalato che vi sono riferimenti a tali viaggi anche in diverse altre serie (per es. i fascicoli 24.II, 26A.1 e 26A.3 contengono appunti,

---

[21] Anche i diari contengono appunti e note relative alle sue trascrizioni. Altre copie dattiloscritte del diario A, attribuibili a Castellani, si trovano nella serie 82A dello stesso fondo Secchi, al fascicolo (8); Chinnici – Gramatowski, *Le carte di Angelo Secchi* (cit. nota 4), p. 619.

[22] Chinnici, *Decoding the stars* (cit. nota 7), pp. 138-140.

[23] Per esempio, dal diario C, non sono stati qui trascritti gli appunti sull'affare Döllinger – il teologo tedesco Ignaz von Döllinger (1799-1890) scomunicato nel 1871 per aver contestato l'infallibilità del Papa *ex cathedra* – e dal diario D, quelli sull'espulsione dei gesuiti dal Collegio Romano nel 1873 e su Caterina Scarpellini (1808-1873), astronoma dell'Osservatorio del Campidoglio, con cui Secchi ebbe dei dissapori.

[24] Il taccuino n. 4 contiene, nella tasca della coperta, anche una rubrica con coperta in seta e tagli dorati, nella quale sono riportati vari indirizzi.

[25] Un caso particolare riguarda il taccuino del viaggio a Londra del 1858, di cui non si è finora ritrovato il diario; tale viaggio è però oggetto di una delle pubblicazioni di Castellani, per cui si rinvia a tale pubblicazione: Castellani, *Il P. Angelo Secchi S. I. e le sue missioni scientifiche* (cit. nota 20). A tal proposito, non è chiaro se Castellani abbia effettivamente ricostruito il viaggio a partire da un diario o piuttosto dalla corrispondenza con Marchetti e/o altri confratelli del Collegio Romano, come appare più probabile.

passaporti, taccuini, ecc.). Trattandosi tuttavia di materiale sparso e frammentario, non si è ritenuto di prenderli in esame per effettuarne la trascrizione. Come già detto altrove, sono stati invece deliberatamente esclusi i documenti relativi ai viaggi in Italia, in larga parte (e dunque non esaustivamente) contenuti nella serie 26A, con le eccezioni di cui si è detto sopra.

Criteri di trascrizione

Per le trascrizioni dei diari sono stati seguiti i seguenti criteri:

- Le abbreviazioni sono state sciolte;
- Le parole di dubbia lettura sono state indicate tra parentesi quadre, col punto interrogativo;
- Le integrazioni al testo, inserite per renderlo più comprensibile, sono state riportate in corsivo tra parentesi quadre;
- È stata inserita della punteggiatura, per agevolare la lettura del testo;
- Parole o nomi non più in uso sono stati lasciati nella loro originale versione ottocentesca e laddove di difficile comprensione, affiancati dall'equivalente in linguaggio corrente, tra parentesi quadre, preceduto dal segno "=";
- Si è cercato di effettuare una trascrizione diplomatica: parole o nomi contenenti errori di ortografia sono stati lasciati come in originale, tranne nel caso in cui risultino poco comprensibili;[26]
- Sottolineature e disegni sono stati riportati come in originale;
- Eventuali note a margine o sul retro, con rimandi tramite segni diacritici, sono state integrate nel testo principale; le cancellazioni più estese sono segnalate, mentre quelle minori non sono riportate.[27]

I testi sono stati accuratamente corredati di note, per permettere l'identificazione dei numerosi personaggi menzionati; la trascrizione di ciascun diario è preceduta da una breve introduzione, che spiega il contesto e l'importanza di quel viaggio e commenta i contenuti del diario. Il numero della pagina trascritta è riportato in neretto tra parentesi quadre, mentre *recto* e *verso* sono indicati dalle iniziali; in assenza di tale indicazione, la pagina è da intendersi *recto*.

Ileana Chinnici

---

[26] In questo caso, la possibilità di consultazione dei diari online su GATE (vedi nota 15), prevista entro il 2022, permette di recuperare integralmente il testo originale.

[27] Vedi nota precedente.

NOTE BIOGRAFICHE

Angelo Secchi

1818 – Nasce a Reggio Emilia il 28 giugno da Giacomo Antonio (1758-1837) e Luigia Belgieri (1777-1867), in una famiglia di artigiani (il padre aveva una bottega di falegnameria, la madre era sarta). Studia nel Collegio gesuitico di Reggio.

Ritratto di p. Angelo Secchi (da *Annali dell'Ufficio Centrale di Meteorologia Italiana*, vol. I, 1879).

1833 – Entra nel noviziato della Compagnia di Gesù a S. Andrea al Quirinale in Roma; quattro anni dopo, inizia gli studi di Filosofia al Collegio Romano, distinguendosi per la speciale inclinazione per la matematica e la fisica, ivi insegnate, rispettivamente, dai pp. Francesco De Vico (1805-1848) e Giovan Battista Pianciani (1784-1862).

1841 – È inviato dai superiori ad insegnare fisica al Collegio Illirico di Loreto.

1844 – Torna al Collegio Romano per completare gli studi teologici, assumendo l'incarico di assistente di Pianciani.

1847 – Viene ordinato sacerdote.

1848 – A seguito dello scioglimento e dell'esilio volontario della Compagnia di Gesù, con alcuni confratelli trova rifugio prima nel Collegio di Stonyhurst in Inghilterra, poi in quello di Georgetown a Washington D.C. negli USA.

1849 – Ricostituita la Compagnia, rientra con i confratelli a Roma e assume la direzione dell'Osservatorio del Collegio Romano, rimasta vacante per la prematura scomparsa di De Vico.

1852 – Ottiene il trasferimento dell'Osservatorio in locali più stabili, appositamente costruiti sulla crociera della cupola (mai realizzata) della chiesa di S. Ignazio; qui colloca il nuovo telescopio Merz da 24 cm di apertura, che diventa lo strumento principale dell'Osservatorio; avvia quindi un moderno e completo programma di ricerca astronomica, fondato sull'astronomia fisica.

1856 – È nominato Direttore del Servizio Meteorologico dello Stato Pontificio, organizzandone le stazioni in maniera moderna ed efficiente.

1862 – È nominato membro della Commissione governativa italiana per il coordinamento del Servizio Meteorologico nazionale, mettendo a servizio del Governo unitario l'esperienza e le competenze maturate nel settore.

1870 – Rinuncia alla cattedra di Astrofisica all'Università La Sapienza, per obbedienza ai superiori, in conseguenza del deteriorarsi dei rapporti tra Governo unitario e Stato Pontificio. È uno dei momenti più difficili della sua vita personale e professionale; la legge sull'esproprio dei beni ecclesiastici dello Stato Pontificio, promulgata di lì a poco (1873) mette Secchi a rischio di perdere il suo osservatorio, suscitando un'ondata di proteste a livello internazionale.

1876 – Mantiene la direzione dell'Osservatorio, grazie al decreto Bonghi per la riforma degli osservatori italiani, che riconosce uno speciale "status" giuridico all'Osservatorio del Collegio Romano.

1877 – È eletto Presidente del Consiglio Direttivo per la Meteorologia Italiana.

1878 – Si spegne a Roma il 26 febbraio per un cancro allo stomaco manifestatosi alcuni mesi prima.

Attività scientifica

Astronomia di posizione

Le sue prime ricerche nel campo astronomico riguardarono lavori di astrometria; intraprese la misura di numerose stelle doppie e la revisione delle *Mensurae Micrometricae* di Friedrich Wilhelm Struve (1793-1864), poi portata a termine da p. Gaspare Stanislao Ferrari SJ (1834-1903).

Fisica solare

Fu uno dei suoi principali campi di ricerca. Contribuì allo studio della radiazione solare, della struttura della fotosfera e all'analisi spettroscopica della cromosfera e delle protuberanze; a lui si deve uno dei principali trattati dell'Ottocento sul Sole (*Le Soleil*). Nel 1858 installò una stazione magnetica, annessa all'Osservatorio, per l'osservazione sistematica dei fenomeni legati al magnetismo terrestre, nell'intento di studiarne le correlazioni con l'attività solare.

Spettroscopia stellare

Tra il 1863 ed il 1867 fu autore di una delle prime classificazioni spettrali delle stelle, che divise in tre classi (tipo α Lyrae, tipo α Herculis, tipo Sole), aggiungendone una quarta nel 1869 (tipo N. 152 Schjellerup). Segnalò il potenziale utilizzo dell'analisi spettrale per le misure di velocità radiale degli astri. Quella di Secchi fu la base delle ben note classificazioni eseguite all'Osservatorio di Harvard (USA) a partire dal 1890, su cui si fondano le attuali classificazioni spettrali.

Geodesia

Tra il 1854 ed il 1855, su incarico di Pio IX, eseguì la misura della base geodetica sulla via Appia che doveva servire al raccordo delle reti di triangolazione dello Stato Pontificio, iniziate nel secolo precedente da p. Ruggiero Boscovich SJ (1711-1787).

Meteorologia

Introdusse, primo in Italia, il servizio meteorologico telegrafico giornaliero tra le principali città dello Stato Pontificio (Roma, Ancona, Bologna e Ferrara). Fu l'inventore del meteorografo, uno spettacolare apparecchio per la misura e la registrazione delle variabili meteorologiche, che fu premiato all'Esposizione Universale di Parigi del 1867. Diffuse in Italia le moderne teorie di meteorologia dinamica, fondate sullo studio delle correnti atmosferiche.

Fisica

Il suo principale contributo fu la stesura del trattato *Sull'unità delle forze fisiche*, con il quale egli si proponeva di far conoscere in Italia le nuove teorie sull'etere e sulla cinetica dei gas, non ancora riportate nei manuali di fisica dell'epoca. L'opera ebbe un larghissimo successo, ma gli valse le feroci critiche di alcuni sostenitori del pensiero aristotelico, tra cui p. Giovanni Maria Cornoldi (1822-1892) SJ.

Altro

Nel campo dell'oceanografia, a lui si deve l'invenzione del "disco di Secchi", un metodo per la misurazione della trasparenza delle acque, commissionatogli nel 1865 dal comandante della flotta pontificia, Alessandro Cialdi (1807-1882), e tuttora utilizzato per studi di limnologia.

Appassionato di archeologia e di paleontologia, pubblicò alcuni opuscoli e memorie su temi di suo particolare interesse.

Fu un attivo e brillante conferenziere, attento alla diffusione della cultura scientifica in tutte le classi sociali, autore di testi divulgativi e promotore di quella che oggi si definisce "citizen science". È inoltre da considerarsi come un promotore della protezione civile (vedi elenco seguente).

Incarichi e consulenze per opere pubbliche

1852 – Miglioramento del servizio dell'ora per la segnalazione del mezzogiorno.

1854-55 – Misura della base geodetica sulla via Appia.

1856 – Direzione del servizio meteorologico dello Stato Pontificio.

1858 – Perfezionamento del sistema dei fari nei porti dello Stato Pontificio.

1859 – Misure di prevenzione antisismica nei territori dello Stato Pontificio.

1860 – Progetto ferrovie elettriche nello Stato Pontificio.

1867-69 – Misure antincendio nelle basiliche maggiori.

1870 – Misure di prevenzione del rischio idrogeologico (piene del Tevere).

1875 – Sistema di distribuzione delle acque potabili.

1876 – Collocazione parafulmini nei principali monumenti romani.

Pubblicazione di periodici e di trattati

1850-1863 – *Memorie dell'Osservatorio del Collegio Romano*
Secchi vi raccolse i principali lavori di ricerca eseguiti all'Osservatorio.

1862-1879 – *Bullettino Meteorologico dell'Osservatorio del Collegio Romano*
Pubblicato grazie al sostegno economico del principe Baldassarre Boncompagni (1821-1894), che lo stampava nella tipografia di sua proprietà, il Bullettino era un organo mensile molto efficiente per la diffusione delle notizie meteorologiche ed astronomiche. Del suo successo è prova il fatto che celebri astronomi, come Giovanni Virginio Schiaparelli (1835-1910), ricorsero alle sue pagine per diffondere i contenuti delle loro principali ricerche.

1864 – *Sull'unità delle forze fisiche*
Altre edizioni: 1869, 1874 e 1885; in francese: 1869 e 1874; in tedesco: 1876, 1885 e 1891 con ristampa nel 1892; in russo: 1872, 1873 e 1880.

Come si intuisce dalle numerose edizioni e traduzioni, il trattato – che si proponeva di introdurre in Italia le moderne teorie sull'etere e sulla teoria cinetica dei gas – ebbe un successo considerevole; esso tuttavia fu aspramente attaccato da alcuni esponenti del neotomismo, che mossero a Secchi accuse di ateismo.

1870 – *Le Soleil*
Altre edizioni: 1875-77 (2 vol.); in tedesco: 1872; in spagnolo: 1879; in italiano: 1884.
È considerato uno dei principali trattati dell'Ottocento sul Sole; in esso Secchi raccoglie tutte le conoscenze più aggiornate sulla costituzione chimico-fisica dell'astro. Nelle varie edizioni, ampliate, si trova traccia dei dibattiti sul tema che erano in corso in quegli anni nella comunità scientifica internazionale, cui Secchi partecipò attivamente.

1877 – *Le stelle. Saggio di astronomia siderale*
Altre edizioni: 1878; in tedesco: 1878; in francese: 1879 con ristampa nel 1880, 1884 e 1895.
Altro celebre trattato, in cui Secchi espone le conoscenze astronomiche del suo tempo in materia di oggetti e corpi celesti; è qui che, tra l'altro, espone in maniera definitiva la sua celebre classificazione spettrale delle stelle.

1879 – *Lezioni di fisica terrestre*
Altre edizioni – in spagnolo: 1886; in tedesco: 1882, con ristampe nel 1883 e 1885.
Pubblicato postumo, è un vero e proprio trattato di geografia astronomica, nel quale Secchi introduce le teorie più moderne nel campo della meteorologia dinamica e della geofisica. Il testo venne corredato dagli editori con due discorsi sulla grandezza del Creato, probabilmente per mettere al riparo il volume da potenziali critiche o censure da parte delle frange ecclesiastiche più conservatrici.

Spedizioni e Commissioni scientifiche internazionali

Eclisse totale di sole, 18 luglio 1860, Desierto de Las Palmas (Spagna)

Fu tra i primi astronomi a far uso di mezzi fotografici per registrare il fenomeno. Il confronto tra le fotografie eseguite da Secchi e quelle ottenute da Warren De la Rue (1815-1879) confermò che le protuberanze sono realmente un fenomeno solare e non un effetto ottico dovuto all'atmosfera o allo strumento.

Esposizione Universale, Parigi (1867)

Secchi presentò in quella occasione il suo meteorografo, una spettacolare macchina per la registrazione dei dati meteorologici giornalieri, che suscitò l'ammirazione del pubblico ed ottenne il *Grand Prix* dalla giuria dell'Esposizione.

Eclisse totale di sole, 22 dicembre 1870, Augusta (Sicilia)

La partecipazione di Secchi alla prima spedizione scientifica del governo unitario pose non pochi problemi diplomatici, abilmente risolti dall'astronomo Pietro

Tacchini (1838-1905), con cui Secchi ebbe importanti collaborazioni scientifiche. Anche in Sicilia, Secchi fece uso di mezzi fotografici per osservare l'eclisse, ma i risultati non furono soddisfacenti, anche a causa di condizioni meteorologiche avverse.

Conferenza internazionale per la definizione del metro (Parigi, 1870 e 1872)

Secchi partecipò alla conferenza in qualità di rappresentante dello Stato Pontificio, fatto che nel 1872 provocò un incidente diplomatico con la delegazione italiana. Le proteste di quest'ultima non vennero tuttavia accolte dalla Commissione internazionale, e la vicenda sancì un clamoroso successo personale di Secchi, a conferma dell'indiscusso prestigio di cui egli godeva all'estero.

Congresso degli Scienziati Italiani (Palermo, 1875)

In quella occasione venne discussa una proposta di riforma degli Osservatori astronomici italiani, recepita quasi integralmente l'anno successivo dal governo italiano tramite il decreto Bonghi; Secchi riuscì ad evitare la confisca dell'Osservatorio del Collegio Romano, al quale venne riconosciuto uno *status* speciale per riguardo all'illustre scienziato.

Principali premi e riconoscimenti

1856 – Membro della Royal Society di Londra.

1857 – Membro dell'Académie des Sciences di Parigi.

1867 – Légion d'Honneur (conferita da Napoleone III, Imperatore di Francia).

1867 – Ordine della Rosa (conferito da Pedro II, Imperatore del Brasile).

RINGRAZIAMENTI

Si ringraziano per la speciale collaborazione: Irene Pedretti (Archivio Pontificia Università Gregoriana), senza il cui supporto tecnico non sarebbe stato possibile consultare i diari e realizzare questa pubblicazione, Marco Ferrucci e Francesco Poppi (INAF-Osservatorio Astronomico di Roma), per la loro disponibilità a fornire documenti digitali e informazioni utili alla redazione di questo volume. Un sentito ringraziamento a tutto il Comitato Nazionale per il Bicentenario della Nascita di Secchi, che ha finanziato la pubblicazione di questo lavoro.

DIARI E APPUNTI

LA SPEDIZIONE SCIENTIFICA IN SPAGNA
PER L'ECLISSE TOTALE DI SOLE DEL 1860

La spedizione in Spagna cui partecipò Secchi per l'eclisse totale di sole del 18 luglio, fu particolarmente importante nella storia dell'astronomia – e della fisica solare, in particolare. Fu infatti durante questa spedizione che Secchi ottenne alcune delle primissime fotografie della totalità di un'eclisse, fotografie che si rivelarono decisive nel dirimere l'importante quesito scientifico sulla natura reale o illusoria delle protuberanze solari.

Secchi si recò in Spagna per osservare l'eclisse su invito del direttore dell'Osservatorio di Madrid, Antonio Aguilar (1820-1882), col supporto finanziario di Pio IX. La stazione scelta per le osservazioni del fenomeno era il convento di Carmelitani Scalzi noto come Desierto de Las Palmas, già utilizzata dagli astronomi francesi, ai primi dell'Ottocento, nelle operazioni di triangolazione per l'estensione della meridiana di Francia fino alle Isole Baleari.

La spedizione partì da Madrid,[1] passò da Valencia e giunse a Castillón de la Plana, città vicino alla quale si trovava la stazione prestabilita. Determinato a catturare delle fotografie del fenomeno – cosa che fino ad allora

[1] Da uno dei taccuini conservati nell'Archivio dell'Università Gregoriana si deduce che Secchi giunse a Madrid nella seconda metà di giugno. Qui soffrì molto la scarsa comunicazione, soprattutto coi confratelli («Qui da parte de' nostri nessuna attenzione; solo me la fo' coi laici [...] Non ho altro con cui dire una parola che i laici ...»); fu infatti mandato ad alloggiare presso l'oratorio dell'Olivar, dal teologo gesuita p. Félix Gonzalez Cumplido (1817-1872) che conosceva l'italiano, ma era molto impegnato nell'apostolato. Secchi non poté quindi visitare molto («La città è bella, ma stento senza guida ...») tranne il Museo di Storia Naturale (restando impressionato soprattutto dal megaterio – che descrive – e dalle collezioni di minerali), l'Università con la «bella sala» del gabinetto di medicina, il «Magnifico Istituto tecnico degli ingegneri industriali da imitarsi in Roma» e l'Accademia delle Scienze, partecipando ad una sessione. Secchi si fece una buona opinione del mondo culturale spagnolo, in genere poco conosciuto: «L'idea generale che ho raccolto è che in Ispagna si sa più che non si crede comunemente, ma che non si conosce perché non sono fracassoni come i francesi». (APUG, Fondo Angelo Secchi 26B.2).

non era riuscita mai ad un astronomo, ma solo ad un esperto dagherrotipista, Julius Berkowski (1810-1892) all'Osservatorio di Königsberg nel 1851 – Secchi portò con sé il telescopio Cauchoix per le operazioni fotografiche, un declinometro Jones per misure di magnetismo terrestre (era infatti un punto controverso l'eventuale influenza delle eclissi sui parametri geomagnetici) e diversi accessori, mentre Aguilar aveva con sé un telescopio Steinheil e vari strumenti meteorologici. Man mano, nel suo procedere, alla spedizione si aggiunse altro personale, composto sia da professori universitari che da abili astrofili, con i loro strumenti.

Giunti al convento, Secchi e i suoi compagni rimasero delusi dal sito di osservazione, che trovarono inadeguato, per la presenza di montagne circostanti. Decisero quindi di utilizzare due eremi vicini, in posizione poco più vantaggiosa, dove collocarono gli apparecchi fotografici e gli strumenti astronomici. Per le osservazioni visuali, fu scelta la vicina chiesetta di San Miguel, posta in sito più elevato, con ottima visuale ma ardua da raggiungere, dove eseguire anche le osservazioni meteorologiche.

Dopo aver svolto le operazioni preliminari, ovvero disimballare le casse, preparare i pilastrini per gli strumenti, tarare i barometri e i termometri e montare i telescopi, vennero effettuate varie osservazioni notturne e diverse prove fotografiche, in modo da ottenere la qualità di immagini desiderata.

Le due stazioni vennero così attrezzate: negli eremi di San Juan e del Carmen erano in funzione uno strumento dei passaggi Repsold, vari orologi per la determinazione del tempo, il telescopio Cauchoix e il laboratorio fotografico, nonché strumenti spettroscopici e polariscopici; nella chiesa di san Miguel furono invece installati un telescopio Steinheil, un rifrattore Fraunhofer, un telescopio Lerebours, un declinometro Jones, un termomoltiplicatore Melloni (per misure di radiazione solare) e vari strumenti meteorologici.

Il principale risultato della spedizione di Secchi in Spagna fu la registrazione fotografica delle varie fasi dell'eclisse; quattro di queste riprodussero la totalità, con la corona e le protuberanze, cosicché fu possibile fissarne il numero e la posizione, raccogliendone i dettagli in un disegno.

Un rapporto dettagliato sull'eclisse fu inviato da Secchi nell'immediato all'Académie des Sciences di Parigi,[2] e poi pubblicato nelle «Memorie

---

[2] A. SECCHI, *Observations faites pendant l'eclipse totale du 18 juillet 1860 sur le sommet du mont Saint-Michel au Desierto de Las Palmas en Espagne*, «Comptes Rendus de l'Académie des Sciences», LI, 1860, pp. 156-162; 276-279; 386-388; A. SECCHI, *Eclipse solaire du 18 juillet 1860*, «Comptes Rendus de l'Académie des Sciences», LI, 1860, pp. 749-751. Attento divulgatore, al suo ritorno dalla Spagna Secchi diede anche una conferenza pubblica sui risultati della spedizione; A. SECCHI, *Re-*

dell'Osservatorio del Collegio Romano»[3] a distanza di qualche anno. I risultati di Secchi richiamarono l'attenzione dell'astronomo inglese Warren de la Rue, altro pioniere della fotografia astronomica, che grazie al confronto tra le proprie fotografie della stessa eclisse osservata a Rivabellosa, nel nord della Spagna e quelle ottenute da Secchi al Desierto de la Palmas, concluse che le protuberanze solari sono fenomeni realmente appartenenti al sole.[4]

Come già segnalato nell'introduzione a questo volume, l'INAF-Osservatorio di Roma possiede nel suo archivio diversi documenti relativi a questa spedizione, conservati nei fascicoli 213 e 218 del Fondo Secchi. Il primo contiene il diario di Secchi, incompleto, dal titolo "Cronaca della spedizione in Spagna per l'eclisse del 1860" (Fig. 1), una bozza di rapporto in francese con disegno della totalità, destinata all'Académie des Sciences, la minuta di una lettera al *Giornale di Roma*, con una sintesi delle osservazioni, e quella (incompleta) di una lettera a fratel Francesco Marchetti.[5] L'insieme dei documenti è inoltre corredato da alcuni disegni e fotografie; in particolare: a) una fotografia della stazione astronomica all'eremo del Carmen (Fig. 2); b) quattro fotografie della totalità, di piccolo formato, su carta, incollate su un foglio (Fig. 3); c) la riproduzione su cartone (stampa su carta salata), di formato più grande, di 4 fotografie di fasi dell'eclisse (Figg. 4-7, di formato più grande).[6] Il secondo manoscritto riguarda invece le osservazioni meteorologiche e magnetiche e contiene diverse tabelle di dati con annotazioni, e alcuni schizzi, qui riportati nel testo.

---

lazione delle osservazioni fatte in Spagna durante l'eclisse totale del 18 luglio 1860, «Giornale Arcadico di Scienze, Lettere ed Arti», XX, n.s., 1860, pp. 53-121.

[3] A. Secchi, *Sull'ecclisse solare totale osservato in Spagna nel 18 luglio 1860*, in *Memorie dell'Osservatorio del Collegio Romano 1860-62*, II, 1863, pp. 33-52.

[4] W. De la Rue, *Comparison of Mr. De la Rue's and Padre Secchi's Eclipse Photographs*, «Proceedings of the Royal Society», 13, 1863, pp. 442-444.

[5] Nel fascicolo si trova anche un bifoglio sciolto, ripiegato in quattro, contenente un manoscritto in lingua francese di altra calligrafia, con annotazione esterna di mano Secchi: «Astronomie. Observations de l'eclipse totale du soleil 18 juillet 1860 par M. Prazmowski. Compte rendu. 6 août 1860». Adam Prazmowski (1821-1885), primo astronomo dell'Osservatorio di Varsavia, osservò l'eclisse del 1860 nella stazione di Vitoria ed eseguì osservazioni polariscopiche della luce coronale, che trovò polarizzata radialmente.

[6] In dettaglio, ecco le dimensioni delle fotografie solari (in millimetri): fig. 3 (supporto): 231 × 172; fig. 4: 147 × 162; fig. 5: 161 × 144; fig. 6: 151 × 148; fig. 7: 155 × 160. Nel fascicolo è inserito anche un disegno della totalità e della relativa stazione osservativa con descrizione dei fenomeni osservati, che riporta il titolo «Campo della Venta de D.J. Jorge y Monte presso Tortosa. Bozetto sinoptico» (testo in italiano, di mano ignota).

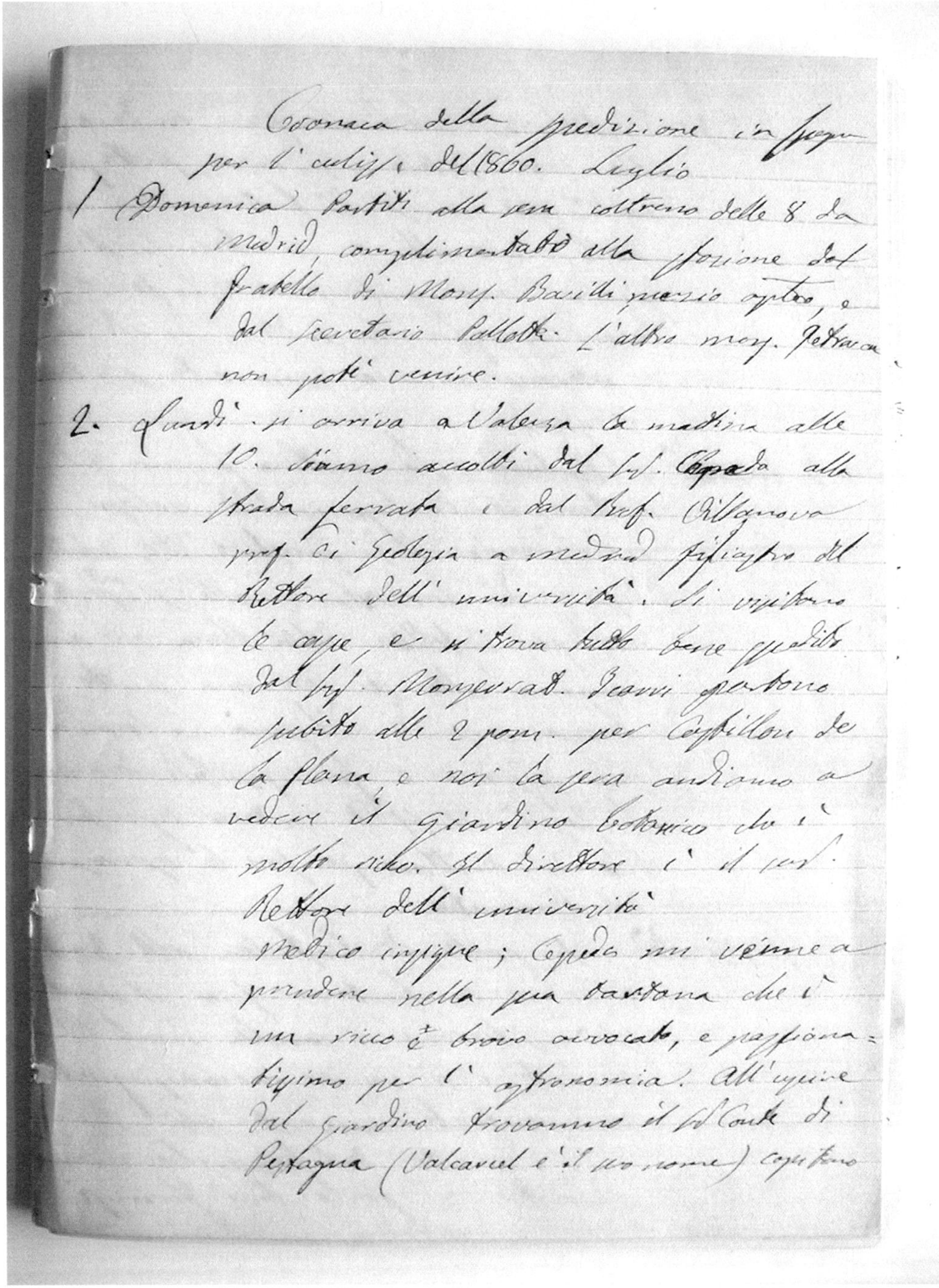

Fig. 1. Diario manoscritto di Secchi della spedizione in Spagna (*crediti*: Archivio Storico INAF-Osservatorio Astronomico di Roma).

Fig. 2. Fotografia della stazione astronomica allestita all'eremo del Carmen; riconoscibile al centro, indicato con la lettera C, lo stesso Secchi (*crediti*: Archivio Storico INAF-Osservatorio Astronomico di Roma).

Nel complesso, si tratta di carte che uniscono al valore storico-scientifico anche il piacere della lettura; sono infatti ricche di dettagli che non compaiono nelle relazioni ufficiali, ma che raccontano i retroscena umani, oltre a quelli scientifici, di una spedizione: incontri curiosi, considerazioni personali, stati d'animo, ecc. Il tutto, nella gradevole prosa di Secchi, intrisa di umorismo e leggerezza, che mescola il dato scientifico alle considerazioni personali.

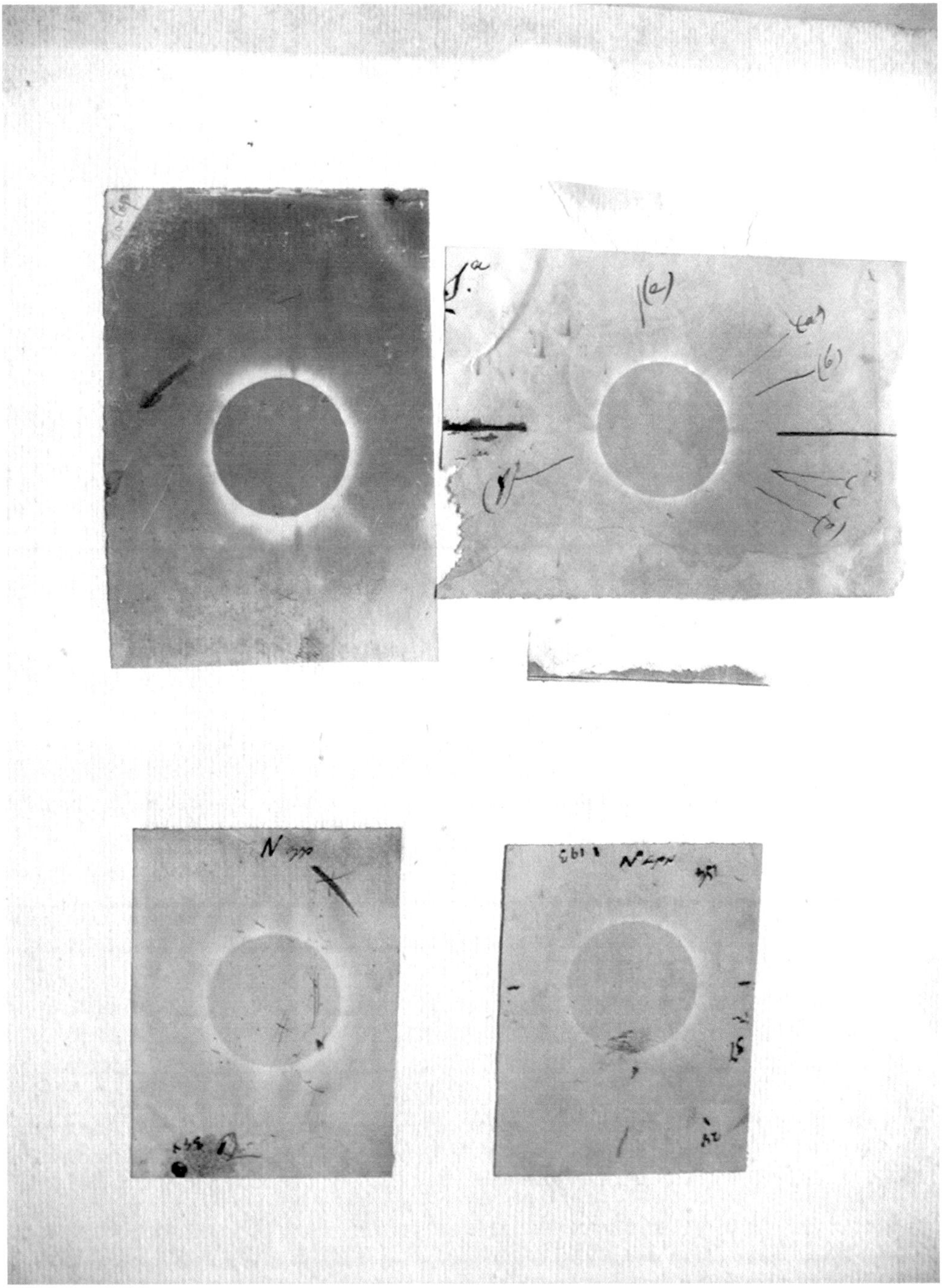

Fig. 3. Fotografie della fase di totalità dell'eclisse (*crediti*: Archivio Storico INAF-Osservatorio Astronomico di Roma).

Fig. 4. Fotografia della fase parziale dell'eclisse; il lembo oscuro della luna intacca il disco solare luminoso (*crediti*: Archivio Storico INAF-Osservatorio Astronomico di Roma).

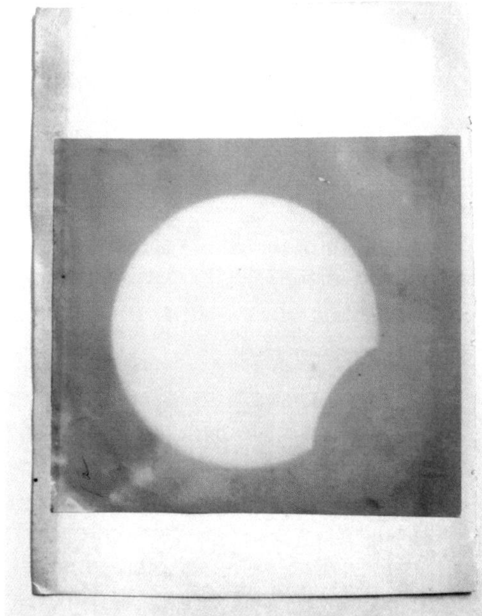

Fig. 5. Altra fase parziale dell'eclisse (*crediti*: Archivio Storico INAF-Osservatorio Astronomico di Roma).

Fig. 6. Fotografia dell'eclisse in fase avanzata: la luna copre circa un terzo del disco solare (*crediti*: Archivio Storico INAF-Osservatorio Astronomico di Roma).

Fig. 7. Altra fase avanzata dell'eclisse (*crediti*: Archivio Storico INAF-Osservatorio Astronomico di Roma).

Trascrizione (AOAR I.D.213)

[1] *Cronaca della spedizione in Spagna per l'eclisse del 1860. Luglio*

1 [luglio] Domenica. Partiti alla sera col treno delle 8 da Madrid, complimentato alla stazione dal fratello di Mons[ignor] Barili,[7] nunzio ap[os]t[oli]co, e dal secretario Pallotti. L'altro *[segretario]*, mons[ignor] Petrarca, non potè venire.

2 [luglio] Lunedì. Si arriva a Valenza la mattina alle 10. Siamo accolti dal sig[nor] Cepeda[8] alla strada ferrata e dal prof[essor] Villanova,[9] prof[essore] di Geologia a Madrid, figliastro del Rettore dell'università. Si visitano le casse, e si trova tutto bene spedito dal prof[essor] Monserrat.[10] I carri partono subito alle 2 pom[eridiane] per Castillón de la Plana, e noi la sera andiamo a vedere il giardino botanico che è molto ricco. Il direttore è il sig[nor] Rettore dell'università, medico insigne;[11] Cepeda mi venne a prendere nella sua tartana, che è un ricco e bravo avvocato, e [ap]passionatissimo per l'astronomia. All'uscire dal giardino trovammo il sig[nor] Conte di Pestagua (Valcarcel è il suo nome),[12] capitano **[2]** di artilleria *[sic]*, che volle farci andare nella sua nobile carrozza, fatta però anch'essa a uso di tartana, ma con molle, 2 cavalli e servitori. Questi signori sono gentilissimi e ci fecero onori insigni in tutti i modi che poterono e una gran corte per tutto il giorno.

3 [luglio]. Martedì. La mattina fummo a visitare il P[adre] Superiore de' Scolopii per chiedergli il P[adre] Faustino[13] che subito disse di inviarlo. E alle 11 ant[imeridiane] partimmo per Castillón de la Plana ove arrivammo alle sei con una molto buona corsa di diligenza. La locanda era pessima e

---

7 Lorenzo Barili (1801-1875) fu nunzio apostolico a Madrid dal 1858 al 1868 (C. De Dominicis, *Amministrazione Pontificia 1716-1870. Repertorio biografico*, vol. I, Roma, 2017, p. [84]).

8 Antonio Rodriguez de Cepeda Garrido (1814-1896) era un noto avvocato e professore di economia politica presso l'Università di Valencia.

9 Juan Vilanova y Piera (1821-1893), celebre geologo dell'Università di Madrid, era nativo della città di Valencia.

10 José Monserrat y Riutort (1814-1881) era professore di chimica presso l'Università di Valencia.

11 Si tratta di José Pizcueta y Donday (1792-1870), medico e botanico, Rettore dell'Università di Valencia dal 1859 al 1867.

12 Si tratta di Joaquin Rodriguez Valcarcel y Castillo, conte di Pestagua (1827-1895), comandante di artiglieria.

13 Non è chiaro se si tratti di Padre Faustino Miguez (1831-1925), botanico e chimico; di lui, comunque, non si fa più menzione nel prosieguo, per cui la sua partecipazione rimane fortemente in dubbio.

fu impossibile dormire. Si lasciò il sig[nor] D[on] Gaetano [14] ogni [?] del direttore per fare le osservazioni del Barometro.

4 [luglio] Mercoldì. Si parte da Castillón alle 3 ant[imeridiane] e si va in tartana fino al monte; colà si trovano i muli del convento, e si va su accompagnati da un frate converso. Colà si è pur ricevuto dal Priore [15] che ci viene incontro e parla bene Francese.

[3] Si passa subito alla visita del luogo e si trova molto infelice. Il convento è in un burrone aperto solo a mezzodì e qui è inutile pensare a far nulla, perché le montagne coprono le stelle. Si sale a due romitorii vicini al S[ud] Ov[est] ma anche quelli non sono gran cosa, tuttavia bisogna adattarsi e si sceglie uno di questi per la fotografia e per l'istrumento de' passaggi.[16] Ma per le osservazioni, il resto si spera di farlo a S[an] Michele.[17] La salita a S[an] Michele è di un'ora e mezzo al dopo pranzo, e si trova una punta di monte senza piazza alcuna, con una casetta di 4 metri cubici, non più, senza altro dentro che una cappelluccia. La vista è superba ma è di caro prezzo l'arrivarvi e non vi è sito a dimora. Aguilar [18] si trova per un momento sconcertato ma con fargli riflettere l'assunto [sforzo?] io lo fermo e lo persuado a non discendere a Castellón, come esso volea fare.

[4] Dopo un poco di deliberazione, fu deciso che si farebbe la stazione a basso per la fotografia e pel tempo, e che per l'ecclisse si starebbe lassù coll'equatoriale di Steinheil e il mio.[19] Certo, è stata una bestialità di non

---

14 Cayetano Aguilar y Vela (?-1880), fratello di Antonio (vedi più avanti), era assistente presso l'Osservatorio di Madrid.

15 Dal 1852 al 1860 fu Priore del Desierto de las Palmas padre Vicente del Carmelo, OCD, al quale seguì, dal 1860 al 1863, padre Francisco de Jesus, OCD (I. Husillos Tamarit, *El Desierto de Las Palmas, centro de espiritualidad en la Diócesis de Tortosa*, in G. Bel y P. Liso (eds.), *Teresa y Enrique: cara a cara. Actas del Congreso internacional teresiano realizado en Tortosa del 16 al 18 de Enero de 2015*, Ávila, CITeS, Universidad de la Mística, 2015, pp. 35-134).

16 Il complesso monastico carmelitano era costituito dal convento e da alcuni eremi e cappelle sparse nei dintorni. I due eremi cui si riferisce Secchi erano dedicati a S. Giovanni Battista (San Juan) e alla Madonna del Carmine (Virgen del Carmen); questi vennero utilizzati rispettivamente per la determinazione del tempo e per la stazione fotografica, mentre il resto della strumentazione fu collocato presso la cappella di San Michele (San Miguel), in posizione più elevata.

17 Vedi nota precedente.

18 Antonio Aguilar y Vela era a capo della spedizione.

19 Il personale fu così suddiviso: stazione alta (chiesa di San Miguel) - Secchi, Antonio Aguilar, Cepeda, e gli ingegneri Federico Botella y Hornos (1822-1899) e Angel Mayo de la Fuente (1829-1884); stazione bassa (eremi di San Juan e del Carmen) - Cayetano Aguilar, e José Montserrat (già menzionati), p. Vinader (vedi nota 30), Dionisio Barreda (vedi nota 31) e il giovane ingegnere José Alcover y Sallent (1832-1894).

visitare il luogo prima, perché almeno stando a basso si poteva avere più commodità, risparmiare tanta fatica e avere un poco di pianura all'occidente, mentre ora al convento e all'eremo tutto è coperto proprio a ponente da altissime montagne. Lassù certo è una vista magnifica e l'accostarsi dell'eclisse essere deve bellissimo, ma è assai scabroso salirvi e ristretto il sito. Questi erano i conti che facevamo, quando, giunti a casa, il P[adre] Priore si mostrò molto scandalizzato che noi volessimo profanare la chiesa di S[an] Michele con tenervi strumenti e più collo starvi noi. Quindi ci disse che non si poteva andare lassù. Questo era un affar serio; e per allora non **[5]** si insisté con esso, ma si cercò di parlarne al [Padre] sotto priore e provinciale, e per buona fortuna anche ad altri preti che erano giunti colà. E si era risoluto di ritornare al piano se non si avea la casetta *[= la chiesetta]*.

5 Luglio. La mattina a colazione si diede l'assalto al p[adre] priore definitivamente, il quale dapprima ricusò, ma gli si fece capire, con buona grazia, il mal servizio che faceva al convento con questo scrupolo, che non eravamo noi persone da profanare, e che se occorreva avremmo ottenuto ciò dal vescovo o dal Nunzio, o anche (aggiunse Monserrat colla forza) dal governo. Senza che esso ci desse per ciò risposta definitiva, si ritirò a consultare, e concluse che, attese le circostanze del Papa,[20] ecc. si permetteva. Allora si cominciò a disimbalare *[sic]* le casse e tutto si trovò bene. Si andò al Romitorio del Carmine e si fondò il pilastro dell'equatoriale, e si mise tutto in pronto per montarlo il dì appresso.

[6] 6 Luglio. Cominciai a fare il pilastro anche del meridiano *[= strumento dei passaggi]*. Si prendono confronti coi barometri e termometri, e dal sig[nor] D[on] Gaetano si pigliano altezze di sole pel tempo. Il cielo sulla sera si annuvola. Il cannocchiale di Cauchoix è già montato, ma senza cerchio orario, per essersi rotto per via. La sera si dorme all'eremo di S[an] Juan. Sicché sono veramente nel deserto. Il mio eremo è una casuccia quadra composta di 4 ambienti, vestibolo, cucina, camera da letto e cappella di tre metri l'una. La cucina è inabitabile pel fetore, le altre sono tutte a mura fracassate, in guisa che sento a letto il soffio del vento, che fortunatamente è caldissimo di sud e tale che la mattina a 6h segnava 33° e questa sera a mezzanotte segna 30[°].

7 [luglio] = Si rischiara a mezzanotte, e son chiamato a fare le fotografie, che riescon bene, ma non benissimo. Mi piace il modo di fissarle a gran bagno di **[7]** solfato di ferro, che fa presto e poi si anneriscono con bicloruro

---

[20] La partecipazione di Secchi alla spedizione era stata finanziata da Pio IX.

di mercurio e ...[21] La giornata è cattiva, si rettifica l'orologio dell'equatoriale ecc. e si patisce molto calore; fotografie solari sempre bruciate.

8 [luglio]. La notte alle 5 a[ntimeridiane] *[si fanno]* altre fotografie che voglion più tempo. Al giorno, altre fotografie di sole istantanee, con vetro oscuro davanti, che riescon bene. Ieri alla sera si presenta un pazzo che erra per queste montagne e, credendoci impostori forestieri, minaccia di annientarci. Siccome ha molto rispetto pel P[adre] Priore, gli si fece capire che, se veniva, sarebbe stato carcerato e intanto si fece chiudere in convento per sicurezza. Egli, capito che ebbe chi noi eravamo, diede parola di onore che non sarebbe tornato e finora ([ore] 10) non si vede.

9 [luglio]. Sperienze termoelettriche. Galvanometro troppo pigro. Si fan molte manovre per l'equatoriale e si spera successo. Si mettono i fili di platino a quello **[8]** di Aguilar, e si monta il cercatore dell'equatoriale grande con fissarne un offuscante speciale.

10 [luglio]. Si colloca il pendolo e il contatore, altre manovre dell'equatoriale, posizione dei fili di ragno per dare il moto diurno.

Gli altri giorni fino al 18 [luglio] prove sopra prove di fotografie; tempo pessimo per più giorni. V[edi] l'altro giornale.[22]

[9] Car[issi]mo Marchetti[23]

Mi affretto a darvi una breve notizia dell'ecclisse osservato in tutte le più favorevoli circostanze che qui noi poteva desiderarsi, quantunque il tempo ci tenesse in una crudele ansietà di perderlo fino a mezz'ora prima del principio, e durante la totalità stessa vedessimo una nube a sì poca distanza che ne faceva sentire il tuono. La stazione scelta era il convento di Carmelitani detto il Desierto de las Palmas ed era il progetto di restare tutti uniti, tanto per fare le fotografie che per le osservazioni fisiche e astronomiche, ma le circostanze locali ci obbligarono a dividere le due parti della commissione, e la fotografia resto più al basso, dove due eremitaggi davano locale opportuno per operare, e la parte astronomica, fisica [e] meteorologica fu decisa di andare alla cima più alta del monte più vicino, appartenente al medesimo convento, e distante circa 600 metri dall'altra stazione, e elevata su di essa 250 m[etri] e 762 [metri] sopra il mare. Questo sito è stato stazione per Arago nella triangolazione di Fran-

21 La frase è incompleta, ma la parte mancante potrebbe essere "acido pirogallico".

22 Seguono integrazioni al testo della pagina successiva; per facilità di lettura, sono state riportate di seguito al punto di inserzione, in modo continuo.

23 Bozza di lettera a fratel Marchetti (vedi introduzione alla trascrizione).

cia.[24] Sulla sua cima è un piccolo oratorio[25] che ci servì di comodo ricovero; colà eravamo tre osservatori: il sig[nor] Aguilar, Dir[ettore] dell'osservatorio di Madrid, con un equatoriale di Steinheil di [*122*] millim[etri] di apertura; il sig[nor] Avv[ocato] Cepeda di Valenza, amatore di astronomia, con un cannocchiale di Lerebours di ⌊*93 mm*⌋ al quale feci applicare l'oculare di Ramsden del nostro equatoriale, perché potesse vedere in tutto il campo il sole con la corona quasi intera, coll'ingrandimento di 30 volte circa; finalmente io, col mio cannocchiale di Fraunhofer,[26] al quale aveva applicato alcuni accessorii;

[10] [*calcoli relativi al moto orario relativo della luna e del sole, in ascensione retta e in declinazione, di mano Secchi*]

[11] [*un termo*]metro annerito; un[o] psicrometro del sig[nor] Aguilar e un anemometro a molinello di Robinson,[27] venivano osservati ogni ora. Più un termomoltiplicatore di Melloni[28] che fu preso ad osservare dal sig[nor] Botella, ispettore delle miniere, il piccolo declinometro di Jones[29] portato dal Collegio [Romano], che venne osservato ad ogni mezz'ora e nella oscurità dal sig[nor] Majo ingegnere, e finalmente avevamo preparato un telegrafo di Morse per servire da registratore del tempo, di cui un contatore battente i secondi apriva e chiudeva il circuito, ma che non servì bene che al principio, e appresso fu abbandonato. Questi erano i preparativi in alto [*= nella stazione di San Michele*].

Al basso, nell'altra stazione [*= all'eremo del Carmen*], il nostro grande equatoriale di Cauchoix era tutto disposto per fare le fotografie, che doveansi prendere in tempi diversi, tanto durante le fasi parziali, quanto durante

---

24 La stazione era stata utilizzata dal fisico ed astronomo francese François Arago (1786-1853) ai primi dell'Ottocento, nelle operazioni di triangolazione per l'estensione della meridiana di Francia fino alle Baleari (P. Bayart, *La méridienne de France et sa prolongation jusqu'aux Baléares*, «Revue XYZ», 116, 2008, pp. 58-62).

25 Secchi si riferisce alla cappella di San Michele (vedi nota 16).

26 Questo rifrattore di 75 mm di apertura faceva parte degli strumenti approntati dalla spedizione spagnola.

27 Si tratta di un anemometro a ruota meccanica con quattro coppe emisferiche, progettato da Thomas R. Robinson (1792-1882) nel 1846; Secchi adottò lo stesso tipo di anemometro anche per il suo celebre meteorografo (P. Brenni, *Il meteorografo di Padre Angelo Secchi*, «Nuncius», vol. 1, 1993, pp. 197-247).

28 Si tratta di uno strumento per lo studio del calore raggiante (raggi infrarossi), costituito dalla combinazione di una pila termoelettrica ed un galvanometro, progettato dal fisico Macedonio Melloni (1798-1854).

29 Il declinometro faceva parte del set di strumenti dell'osservatorio geomagnetico installato da Secchi al Collegio Romano (A. Altamore – N. Ptitsyna, *Il primo Osservatorio geomagnetico d'Italia*, in *Angelo Secchi. L'avventura scientifica del Collegio Romano*, a cura di A. Altamore, S. Maffeo, Foligno, Edizioni Quater, 2012, pp. 177-196).

la totalità, e che per ciò era fornito di 2 camere oscure amovibili, una con oculare per ingrandire l'immagine, l'altra senza, per prendere l'immagine focale diretta. Il sig[nor] Monserrat, aiutato da alcuni suoi amici, si assunse la parte delle preparazioni fotografiche, e il **[12]** *[pagina bianca]* **[13]** il P[adre] Vinader[30] la direzione del cannocchiale, per ciò che riguarda l'accompagnare con precisione il moto del cannocchiale e perché tutto fosse all'ordine. Altri si incaricò di fare le scale fotografiche e il prof[essor] Varreda *[= Barreda]*[31] di Salamanca si occupò di esaminare lo spettro solare e la polarizzazione della luce della corona, ed altri amatori in gran numero si occuparono di altre cose diverse, come di veder le stelle, guardare la forma della corona, ecc.

Venendo alla osservazione della stazione di S. Michele, gli strumenti erano stati portati colà fino dal giorno precedente per rettificarli. Questo primo saggio della stazione non fu molto incoraggiante; il monte è collocato al vertice di una catena di montagna che separa due ampie vallate, e il vento proveniente dal mare portando umidità in copia, questa si condensa permanentemente sulla sua cima, e forma una nube permanente, che si rinnova continuamente e persiste così, malgrado il soffio del vento. Solo al mezzodì, quando la temperatura di tutta la massa d'aria è uniforme, queste **[14]** *[pagina con annotazioni]*[32] **[15]** nubi svaniscono, e infatti, all'una circa pomeridiana, il tempo divenne bellissimo. Si credeva quindi che il giorno appresso avremmo avuto tempo migliore, vedendo l'orizzonte serenissimo; tuttavia, temendo di simile burla, fu risoluto di far venire parecchie cavalcature, le quali avrebbero portato i nostri strumenti al piano alla mattina seguente, se si ripeteva la stessa storia.

Ma per fare più crudele la illusione, la mattina il vento era N[ord] E[est] debbole *[sic]*, e la nebbia era al piano, e chiaro in alto, e fu così fino alle 9 della mattina, quando il vento cominciò a fare lo stesso giuoco del giorno innanzi, colla sola differenza che le nubi erano un poco più alte, col che, esser dovea più tarda la loro disparizione. La posizione nostra era tanto più critica in quanto che, con grande rammarico, avevamo sott'occhio tutta la pianura libera affatto da ogni vestigio di nubi, e con solo un poco di nebbia bassa che si andava dileguando. Erano giunte le 11 ore e ½ e si stava in questo stato desolante, con una nube fissa e inchiodata sul nostro capo, come per proteggerci dai raggi solari; servizio che sarebbe stato ottimo in qualunque altra occasione, tranne l'attuale. Guardavamo ansiosamente il barometro e il mulinello del vento, per vedere se quello si alzava e questo

---

30 Padre Juan Vinader, gesuita, era professore di fisica presso il Seminario di Salamanca.

31 Dionisio Barreda era professore di fisica all'Università di Salamanca.

32 Le annotazioni sono state riportate nel testo, nei rispettivi punti di inserzione.

accelerava, ma tutto era nulla, e tutto andava con una specialissima monotonia. Credo che se il barometro avesse potuto capire, avrebbe avuto compassione di noi, e che non mai alcuna nube fu studiata con maggior attenzione. In tale stato, cominciai seriamente a pensare di scendere al piano, e colà arrivato sarei almeno a tempo di vedere la totalità, e l'avrei fatto certamente se fossi stato solo, ma **[16]** *[pagina bianca]* **[17]** varii riguardi mi fecero indugiare, tanto che quando chiamai il padrone della cavalcatura, che già stava pronta fin dal giorno precedente per tale effetto, questi mi disse volersi almeno tre ore per scendere al piano, onde appena sarei colà arrivato alcuni minuti prima della totalità, e mi rassegnai ad ogni evento, confortato a ciò dall'amico Aguilar. Certo la nostra posizione era critica, i nostri visi erano atteggiati a tale corruccio, che ben si faceva scorgere la nostra ansietà ai circostanti, e qualcuno cominciava a temere che noi stessimo così per paura che l'ecclisse non avesse più da accadere! L'ansietà cresceva col tempo e col termometro, ed era al suo colmo ½ ora avanti il principio, quando si cominciò a scorgere un assottigliamento della gran nube che ci riparava il sole, e si concepì speranza di meglio, ma pure durante il momento che si aspettava il contatto, contando i secondi al pendolo, un leggier cirro, che fu l'ultimo, passò pel cannocchiale!

[18] *[pagina bianca]* **[19]** Sì fatta persecuzione di nubi sia di lezione ai posteri, a non sceglier mai le montagne per tali osservazioni, e attenersi alle pianure. È troppo crudele l'ansietà dell'animo in que' momenti, che impedisce di prepararsi con pace agli studi e alle necessarie rettificazioni degli strumenti, le quali se non fossero state fatte il giorno avanti, quel dì non si sarebbero potute fare affatto, con grave danno della precisione nelle osservazioni, e questa fu veramente l'unica ragione che mi fece tardar tanto a risolurmi a partire, che non ci fu più tempo. Tuttavia come per indennizarci *[sic]* di tanta angustia, il cielo fu bellissimo in tutto il corso del fenomeno, e quasi per farci avvertiti ancora del rischio che avevamo corso, un temporale, allora lontano, si venne tanto approssimando, correndo per la pianura, che durante la totalità fu visto lampeggiare e sentirsi il tuono. Sì vicini fummo a perdere il frutto di tante fatiche.

Durante tutta la mattinata, fino **[20]** *[pagina con annotazioni]*[33] **[21]** al fine della totalità, il monte presentava un aspetto veramente pittoresco a tutti, fuorché a noi. Tutti i villaggi di intorno si erano votati *[=svuotati]*, e colà aveano inviati i loro abitanti, in abiti di mezza festa almeno; crocchi di donne, di uomini, di ragazzi di ogni specie, si stipavano attorno agli strumenti, mentre altri, sparsi qua e colà, al vezzo de' pini facevano le buone

33 Vedi nota precedente.

colazioni, trinciando buoni pezzi di manzo arrosto, bevendo e cantando, che per noi che vedevamo la nube colà inchiodata, faceva veramente invidia della loro bonarietà. Per noi la colazione non fu certo la più gustosa quel dì! Il governatore avea mandati i suoi carabinieri, ma questi avean molta pena a tener dietro la moltitudine, che non era meno di circa 3[00], o 400 persone, e insistendo la guardia civile (così chiamansi quelli che da noi diconsi carabinieri) perché facessero largo, ricusaronsi di muoversi, dicendo che presso gli strumenti, oltre gli astronomi, eranvi altri che non avean che fare colà, e che se quelli non sloggiavano, né anche essi voleano ritirarsi. Allora l'alcalde *[= sindaco]*, coi suoi che colà erano, si impegnarono a far ritirare tutti a una distanza di 20 passi circa da noi; formatasi così la corona *[di persone]*, pochi minuti avanti del principio fu [**22**] *[pagina bianca]* [**23**] intimato silenzio alle turbe, e con una mirabile docilità in sì garrula moltitudine, tutti si tacquero, finché il moto nostro li avvisò che l'eclisse era già cominciato e la conversazione ebbe il suo seguito. Essa però non durò molto, perché all'accostarsi della immersione di una macchia, fu ri-intimato il silenzio, e ottenuto con pari docilità. Si erano ormai persuasi, dall'aspetto delle nostre facce, che l'ansietà era scomparsa e aveano preso sicurezza dell'eclisse e della predizione, che non era dell'ordine di quella delle piogge e del bel tempo, come più d'uno ci confessò che avea creduto da prima.

Il principio fu a [...], l'immergersi della macchia a [...]. Siccome il mio scopo era specialmente lo studio fisico del sole, e specialmente delle prominenze, così non feci grande attenzione a queste altre parti del fenomeno, tanto più che non si avea che il tempo sidereo, e anche incerto un poco, e io non conosceva [**24**] *[pagina bianca]* [**25**] l'errore del cronometro.

Il principio fu registrato a un telegrafo di Morse, nel quale un contatore a secondi apriva e chiudeva il circuito ordinario, e così nella striscia di carta si aveano i secondi. Il meccanismo per far questo era semplicissimo. Una leva a squadra di filo di ferro, terminata da una punta *(Dis. 1)* di platino, pescava colla punta del suo braccio orizzontale in un piccolo recipiente di mercurio, dove metteva capo un filo della pila. Questa leva

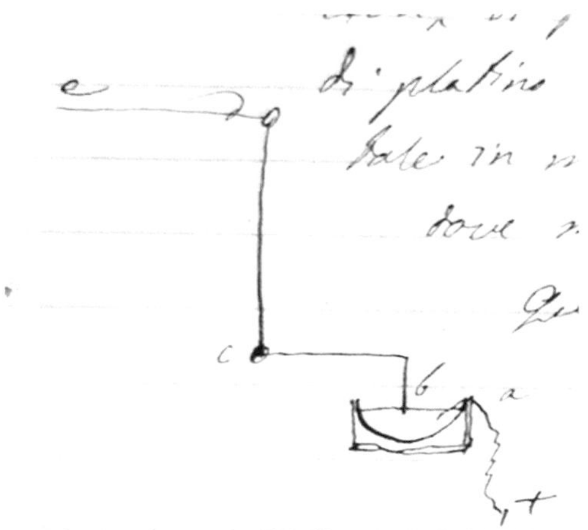

Dis. 1.

era sostenuta da un asse c leggerissimo e senza attrito: la corrente coll'altro polo era in comunicazione col cuscinetto, e quindi coll'asse e col filo cb, e così completava il circuito. Un filo di seta ed il cui capo e era attaccato all'asta del pendolo, ad ogni oscillazione movendo la leva, apriva e chiudeva il circuito in b. Così il circuito era chiuso per un secondo e aperto per un altro secondo, e si potevano avere i secondi ampli di 25 millim[etri].

Per notare sulla carta stessa il momento dell'osservazione, feci a questo modo: poco sotto [**26**] *[pagina bianca]* [**27**] la solita punta di Morse feci applicare un lapis, infilato in un tubetto che al fondo avea una molla spirale, che premendo continuamente sulla carta vi faceva una linea continua *(Dis. 2)*.

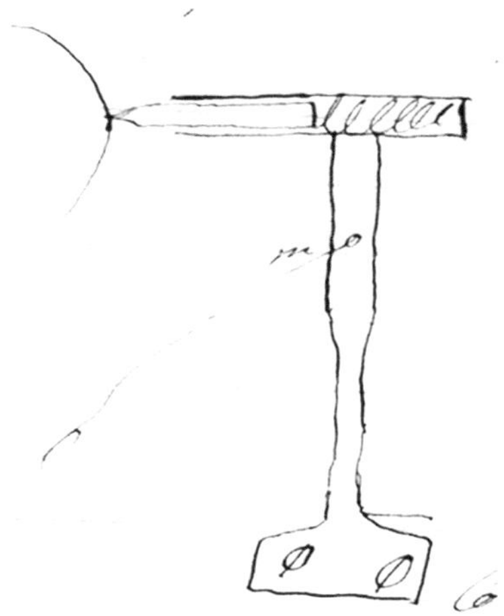

Dis. 2.

Questo tubo col lapis era sostenuto da un piccolo pezzetto di ottone a molla, che era in comunicazione con una cordicella m. Tirando questa, il lapis deviava dalla linea e segnava così l'istante del movimento. Con un poco di pratica questo meccanismo riusciva assai bene, e fu trovato assai comodo per prendere gli intervalli de' fili, e potrebbe servire anche alle osservazioni meridiane. Ma la pila ci tradì: per non aver puzzo io avea preso la pila a solfato di mercurio, e sia che il sale datoci non fosse tal solfato (il che realmente io credo, perché non mostrò traccia gialla) sia un'altra cosa qualunque, dopo un'ora la pila si stancò, e il contatore esposto all'aria libera (e non in una cassa come avea detto io) non ebbe marcia regolare, e il tutto si fermò, e così fu perduto tutto il resto. Un'altra volta, si fissi [**28**] *[pagina bianca]* [**29**] per massima di usare gli appulsi coi top, perché almeno si avrà qualche cosa, e così non si ebbe nulla – chi troppo vuole, tutto perde.

Intanto fu cercato se venisse fatto di vedere la luna fuori del disco solare, ma nel principio fu inutile; soltanto a 2^h 19^m 30^s si cominciò a scorgere nettamente, ma non più in là di alcuni minuti: presto sparì e poi si rivide diverse altre volte. Volli assicurarmi che ciò non era effetto di diffrazione nell'untume dell'offuscante o delle lenti, e girai l'oculare, ma trovai che tutto persisteva come dianzi, mentre altri fasci di raggi spurii rotavano coi vetri.

Quello che intanto venni notando in modo assai sicuro fu il grande contrasto del limite di due lembi della fase: l'interno terminato dalla luna era nettissimo e senza la minima sfumatura, l'esterno all'incontro *[= al con-*

trario] era sfumatissimo, e affatto indeciso. Questo fu notato altre volte, ma ciò che era più sorprendente era che anche era diversa la tinta del fondo, e quello della luna era indubitatamente più scuro che quello dal lato del sole. Siccome taluno dubitava di illusione, [**30**] *[pagina bianca]* [**31**] e specialmente il sig[nor] Cepeda, provai a proiettare su carta bianca il sole, e vidi che la differenza di tinta sussisteva con evidenza.

Questi due fatti, cioè la proiezione del disco lunare oltre il bordo solare, e la diversa tinta del fondo del cielo, sono una prova della realità della corona e dell'atmosfera solare. La incostanza della apparizione può dipendere dalla diversa intensità della corona stessa nei varii punti del disco solare, come si rileva aver luogo nelle fotografie. Il chiarore del cielo attorno al sole maggiore che attorno alla luna è per me un fatto egualmente importante e conduce alla stessa conseguenza.

All'ora dell'immersione delle macchie, non si osservò distorsione sensibile, solo riusciva assai difficile prendere il 2° lembo della penombra, ma ciò è dovuto alla loro naturale indecisione. Le corna della luna erano sempre taglientissime e nettissime, e specialmente alla cuspide superiore si avevano grandi intaccature.

A 2^h 39^m già la luna era sensibilmente diminuita, ma non si poté ravvisare nessuna tinta straordinaria sugli oggetti, *[al di]* fuori dell'ordinario pallore. Il term[ometr]o annerito segna 22°,5 [C] al sole, prima segnava 28°,0 C.

[**32**] *[pagina bianca]* [**33**] A 2^h 50^m l'oscurità già è sì forte che si incomincia ad aver bisogno del lume, ho guardato più volte se l'atmosfera pareva più oscura dalla parte donde venir dovea l'ombra che dall'altra, e non ho visto nulla di particolare. Una nube a poca distanza ingrossa terribilmente, e la vedo con timore avanzarsi; il vento si calma, e comincia a sentirsi fresco. Nessun segno di agitazione negli animali, salvo di un asino che ragliò in tuono come di spaventato. La gente tutta si dispone in gran silenzio al solenne momento, e benché siano tanti, non vi è rumore di sorta alcuna, e nessuno fiata.

3^h 2^m. La falce solare è ridotta a un filetto tenuissimo, che si spezza in cima per una montagna lunare che l'interrompe. Il pezzetto staccato brilla qualche istante come una stella di 3["] in 4" di diametro, e pare assai più grosso che la profondità della vallata lunare a cui corrisponde, talché l'irradiazione ne dilata assai l'immagine. Io intanto ho già levato tutti i vetri offuscanti dagli oculari, e lo sto seguendo con un prisma bianco-azzurro o, come dicono, neutrale, di Lerebours, tenuto a mano. La piccola falce residua è sì [**34**] *[pagina con annotazioni]*[34] [**35**] stretta che io la crederei dover

[34] Vedi nota 32.

sparire in un istante, ma pure sta languendo solo lentamente. Intanto vedo distintamente a formarsi la corona visibile anche attraverso l'offuscante nella sua parte leggiera. Al momento che sparisce il tenuissimo arco, senza spezzarsi in grani, levo l'offuscante, e trovo con sorpresa che il sole splende ancora per un arco ben largo! e con tanta forza che mi ferisce l'occhio. Però la luce rapidamente diminuisce e presto diviene sì debole che la posso tolerare *[sic]* ad occhio nudo comodamente. Allora la falce si riduce a una zona di un bianco cenerino che si sfuma in una frangia rosea, terminata a moltissime punte come di sega. Son persuaso che la luna impiegò almeno 10" *[= secondi]* di tempo a occultare la porzione che io vidi bianca ad occhio nudo, dopo levato l'offuscante.

Questa non è ancora completamente sparita, che vedo immediatamente poco sopra dal luogo di sparizione del Sole due grandi protuberanze rosee. Una a forma di fiamma alta circa 2' ½ larga alla base circa 1' ½ un poco curvata alla sommità *(Dis. 3)* sì rassomigliante a una fiamma che quasi avrei giurato di vederne il moto; il colore non era uniforme ma quasi a tinte rosee e bianche, e si proiettava su la corona. La vera idea del colore è quella di un petalo di fior di malva che è ancor esso così listato, ma era un poco più acceso. Poco distante da questa ne era un'altra meno alta, circa la metà, ma molto [**36**] *[pagina bianca]* [**37**] più larga, e che si estendeva parallelamente all'orlo lunare per un arco eliocentrico di almeno 15°. Appena le vidi mi fissai attentamente a guardarle per vedere che movimento facevano, ma presto scorsi che andavano diminuendo in altezza, ed io era sì incantato dalla loro contemplazione che io avrei forse passato tutto il tempo a studiarle, se un atto di riflessione non mi avesse distolto per esaminare le altre cose. Primieramente, io corsi all'altra parte del disco per vedere se nulla spuntava, ma nulla si vide, allora ritornai a fissare le prime protuberanze, che erano assai impiccolite, e certo ridotte a metà. In questo frattempo, passò certo un minuto di tempo, onde la lor diminuzione non mi sorprende, essendo esse state quasi nel cammino diretto della luna. (Dal tempo di lor durata confrontato colla velocità oraria della luna, e diametro relativo de' due astri si potrà concludere anche la *[loro]* grandezza reale). La mia idea è che la

Dis. 3.

loro grandezza è realmente un poco esagerata dalla irradiazione, perché altrimenti pare che dovrebbero impiegare più tempo a sparire. Tuttavia, si consideri che dopo 2 m[inuti] la 1ª *[protuberanza]* durava ancora visibile, come si [ri]cava dall'osservazione e dalla fotografia.

[**38**] *[pagina bianca]* [**39**] Intanto io diedi una occhiata alla corona, che già avea veduto apparire alquanto prima dello sparire dell'ultimo raggio, ed essere allora assai viva dalla parte del sole, e meno assai dall'opposta, onde ne dedussi subito esser essa concentrica al Sole. La sua forma era al solito, come quella della gloria de' santi, cioè assai viva presso al sole, e unita senza interruzioni, fino alla distanza di un buon raggio lunare. Allora essa cominciava a sfrangiarsi un poco, e di là partivano nella parte superiore numerosi prolungamenti di raggi, lunghi da uno a due diametri lunari.[35] Il carattere di questi raggi era perfettamente quello de' raggi che si vedono la sera uscire dalle nuvole al tramonto del sole. Erano equalmente decisi e taglienti ai lati. Io non saprei a dir vero come spiegarli. Dire che appartengono al Sole, non pare. Perché se essi appartenessero a quest'astro, e formassero l'illuminazione dell'atmosfera solare sparsa fino [**40**] *[pagina bianca]* [**41**] a sì grande distanza, non si capisce come potrebbero esser soltanto in alcune direzioni e non in tutte. Dire che appartengono all'atmosfera terrestre, non si capisce nemmeno, perché l'aria era tranquillissima, bellissima, e non si capisce come tanta eterogeneità possa sussistere. In tal caso, dovrà la corona variare da luogo a luogo, e vedremo che figure si danno dagli altri *[= altrove]*.

Si potrebbe conciliare una spiegazione che unisce le due opinioni. Ammettendo, infatti, che sia la corona interna propria del sole, ma dotata di diversa intensità nel suo perimetro, l'atmosfera terrestre potrà apparire rischiarata a distanza maggiore dove è più viva la luce. Però tale spiegazione è soggetta a una difficoltà: se così fosse la corona dovrebbe presentare dei raggi molto più lunghi ai punti di entrata e di uscita al principio e al fine della totalità, nei quali momenti essa acquista una vivacità straordinaria. Ora ciò non accade affatto, e i raggi lunghi sono indipendenti da queste circostanze. La decisione dipenderà dalle apparenze della corona osservata altrove.

[**42**] *[pagina con annotazioni]*[36] [**43**] Il disegno che qui dò spetta circa al mezzo dell'eclisse, e per la parte superiore è mio, per l'inferiore è stato fatto con più attenzione dal sig[nor] Alcover, non avendo io fissato bene questa regione.

---

[35] Un disegno della corona (*Dis. 4*) è riprodotto nella bozza manoscritta del rapporto destinato all'Académie des Sciences, contenuto nello stesso fascicolo.

[36] Vedi nota 32.

L'aspetto generale del cielo era certo in quel punto imponente: la luna era nera, affatto nera d'inchiostro, la corona argentea, il cielo di color cenerino ma non minacciante. Vidi presso al sole due pianeti, Venere e Giove, senza osservarli e qualche altra stella nell'occhiata generale che diedi attorno. L'orizzonte non era tutto nero, dalla parte N[ord] E[est] eravi un poco di chiaro, ma poteva esser il chiarore della nube che il prof[essor] Sanchez[37] mi disse che faceva un effetto molto singolare. La tinta di questo chiarore pareva giallastra. La luce residua era quella di un tardo crepuscolo, e si poté leggere, ma con molta difficoltà: certo che non potei vedere i numeri del contatore, anche prima della totalità, a distanza di 1 metro, però potei trovare tutti gli oggetti vicini e con qualche difficoltà dirigere il polariscopio, che non era ben diretto al sole.

[**44**] *[pagina bianca]* [**45**] Il polariscopio era quello di Arago, a due immagini colorate, che io avea disposto in modo da averle nelle tinte più sensibili. Però, allorché guardai la corona attraverso di esso, le imagini *[sic]* erano bensì un poco diverse, ma non gran cosa, e solo mi parve che la corona fosse deformata ed allungata in una direz[ione] verticale, e l'altra in direzione perpendicolare alla prima. Vedendo che lo studio minuto di questo fenomeno mi avrebbe distratto troppo dal mio scopo principale, lo abbandonai, e la sola conseguenza che ne trassi fu che la luce pareva leggiermente *[sic]* polarizzata, ma non molto, e la deformazione della corona potrebbe facilmente anche derivare dallo strumento, ma voglio assicurarmene direttamente.

Ritornato al cannocchiale, l'aspetto solare era cambiato: le prime protuberanze stavano per sparire e molte altre tutte d'intorno erano comparse, e io mi trovai per un istante imbarazzato a scegliere, però ne presi 6 delle principali, delle quali determinai gli angoli di posizione. L'ingrandimento essendo 90 volte, vidi bene [**46**] [*pagina bianca con Dis. 5*] [**47**] il loro progressivo aumento da una parte e decremento dall'altra. Gli angoli di posizione delle protuberanze sono i seguenti.

[?]

La corona intanto perdeva la sua uniformità, e diveniva più brillante dalla parte donde stava per uscire il sole (S[ud] E[est] opp[ur]e in basso a levante); al crescere di questo splendore crescevano le protuberanze, e presto si vide una moltitudine innumerabile di tali punte rosse sfumate di bianco che io mi accingeva a contare, quando vidi che una di esse, uscita che fu dall'orlo lunare, non era affatto appoggiata alle altre, e restava sospesa in alto, isolata

---

[37] Personaggio non identificato. Più avanti Secchi scrive "D[on] Gaetano Sanchez", senza fornire elementi utili ai fini dell'identificazione.

perfettamente, della forma di una nube. Questa attrasse tanto la mia attenzione che io l'indicai agli altri perché l'osservassero, e la videro tosto. A me parve che molte altre più piccine l'accompagnassero, ma non vi fissai sufficientemente la mira.

Dis. 4.

Intanto, l'arco luminoso dove stava per apparire il sole si faceva sempre più vivace, e la catena di punte si era ormai estesa a un arco di circa 60° tutta fuoco rosa, e sfumate col bianco della fotosfera, la cui luce diveniva sempre più viva, finché [**48**] *[pagina bianca]* [**49**] fui obbligato a levar l'occhio, e il sole era realmente comparso. Mi sono persuaso che l'apparizione reale del sole si fa' *[sic]* per gradi e che non è sì istantanea come si dice, benché rapidissima, e ciò deve essere [dietro?] l'idea che ho di quest'astro. Quando levai l'occhio dal cannocchiale, le protuberanze erano svanite, ma a poco a poco, ecclissandosi al crescere della luce; la corona era ancor vivace, e potei seguirla ad occhio nudo coprendo il sole con un libro per 40 s[econdi] ancora.

Dis. 5.

Il sole brillava allora precisamente come un punto di luce elettrica, le ombre erano incerte e vacillanti, e le stelle, Venere, Giove si vedevano ancora. Venere fu veduta 28" *[secondi]* avanti la totalità e fino a 11 minuti appresso dal sig[nor] Alcover. Ecco l'ordine dell'apparizione delle stelle *[= astri]* – Venere, Giove – Polluce, Castore, che è l'ordine delle *[loro]* grandezze *[= magnitudini]*.

Finita la totalità, la luce del sole brillava come una scintilla elettrica in mezzo al firmamento. Le ombre erano vacillanti, l'aspetto dell'orizzonte cupo, ma non tristo, e solo quale conveniva a quello stato di luce un poco giallastra. Del resto, il **[50]** *[pagina bianca]* **[51]** il color giallo, che si manifesta tanto negli oggetti terrestri, può bene esser dovuto alla trasmissione attraverso l'atmosfera terrestre, come accade alla sera presso il tramonto del sole.

APPENDICE

Trascrizione (AOAR I.D.218)*

In copertina: **Meteorologia. Eclisse del 1860**

[**1**] 1860. 5 luglio *[seguono dati orari del declinometro, inframmezzati dalle seguenti scritte:]*

- Bar[ometro] Fortin oss[ervat]o 726, 1 al[*l'eremo del*] Carmen. Il declinometro è posto nell'eremitaggio di S[an] Juan nella cucina. Giorno caldissimo, term[ometro] C[entigrado] all'ombra 28°, 9 fuori.
- Il termometro si pone ad un albero. Intanto si colloca l'equatoriale.
- Confronto del Bar[ometro] Fortin coll'aneroide. Il Fortin ha un errore +0,6 mm.
- Altro confronto [*barometri*] Fortin [e] aneroide.
- Ventilazione, cielo chiarissimo da questa mattina.

[**2**] Questa mattina cielo un poco velato. Caldo orribile fino al fine delle 9 circa in cui [ristagna?] poco velato – credo prossima una burrasca.

A quattro ore il cielo s'annuvola all'ovest.

Serata caldissima, minaccia [*pioggia*].

7 luglio. A mezza notte si rischiara, si fanno le fotografie lunari con successo. Col solfato di ferro si ha una bella positiva in 10" e un'altra migliore in 15". Si torna a letto alle 3½. Il tempo per le fotografie ad acido pirogallico non basta un minuto.

La mattina si rettifica il moto di orologeria, e si monta il cercatore all'equatoriale. Il cielo si copre e minaccia pioggia!!

[?] Cron[ometr]o Sergent – $1^{m}\ 40^{s}$ a [?]

* La trascrizione di questi appunti è data a titolo di esempio, per mostrare la tipologia dei testi contenuti nei taccuini delle spedizioni successive, di cui si omette la trascrizione. Si noti come il manoscritto precedente di fatto riassume questi appunti.

Dopo un poco di chiaro, alle 5h tuoni lontani, temporale in giro; questo impressiona assai i nostri lavori = Episodio del Pazzo alla sera[38] =

[**3**] *[tabella dati meteorologici del 6, 7 e 8 luglio]*

[**4**] Sperienze termoelettriche. Barometro calante, si prepara maltempo.

[**5**] *[tabella dati meteorologici del 8 – continuazione da pagina 3 – e del 9 luglio]*

Chiarore nebbioso, sereno con nebbia volante. Alle 8 poi si mutò il sito al magnetometro e così qui comincia nuova serie.

[tabella dati meteorologici del 10 luglio] volti 2 pagine

[**6**] 9 luglio nella porteria / sperienze al termomoltiplicatore *[tabelle dati]*

[**7**] *[Tabella dati]* Limiti di oscillazione *[serie di calcoli sparsi]* Scala troppo piccola

[**8**] Visita del parroco di Benicar[l]ó: uomo grave e che mi piace.

11 [luglio]. Si comincia a rettificare l'equatoriale.

Vento S[ud] E[st] sempre leggiero, aria calda e incomoda, la perturbazione fa sperare il vento migliore.

[**9**] *[tabella dati meteorologici]* [**10**] *[pagina bianca]*

[**11**] Confronti pei fili dell'equatoriale di Fraunhofer *[breve elenco dati con commento a fianco:]* poco buoni perché la macchia non segue il filo e si alza *[altro breve elenco dati]*

[**12**] *[elenco dati e calcoli]* Declinazione del sole 22°12' *[altri calcoli]* Semidiametro della zona equatoriale *[altri calcoli]* Diametro 32'-40,2

[**13**] *[calcoli con commento a fianco:]* Dunque 4 fili e 88 e i fili di platino devono andare più presso de' 5 fili di ragno.

[**14**] Tempo coperto da scoraggire assai. Si prepara la pila, il telegrafo e il polariscopio. Così dopo esserci arrampicati su questi monti, non abbiamo che nuvole – almeno piovesse – e scaricare l'aria che fa un soffoco intollerabile. Viva M. Rico y Synobas[39] che ci ha regalato che nelle alte montagne non piove ed è sereno, almeno non avesse detto nulla, ché allora avremmo preso le cose alla nostra maniera e non mi sarei mosso – Che disinganno, non si ha nulla da fare e si perde tempo.

Si va a S[an] Michele, si piglia l'altezza, vi si traccia la meridiana colla bussola, riportandola dallo strumento de' passaggi.

---

38 Cfr. p. 7 del manoscritto precedente.

39 Manuel Rico y Sinobas (1819-1898), medico e fisico, fu uno dei pionieri della meteorologia in Spagna.

14 [luglio]. Tempo bello se dura. Si provano le fotografie e lo spettro.

[**15**] *[tabella dati meteorologici del 12 – continuazione – 13, 14 e 15 luglio; sotto la tabella del 13, commento:]* Notte che comincia a schiarire con vento forte d'inferno. Tramontana che risana come spero il tempo.

[**16**] Qucst'oggi il Governatore mandò 4 Carabinieri, che essi dicono Civiles, agli ordini del Direttore per guardare gli strumenti dalla gente che veniva per sentir messa e dalle donne curiose.

La messa si dice tutte le domeniche all'oratorio di S[anta] M[ari]a del Carmine.

[**17**] Declinazione magnetica

Merid[ian]a	97°23' al Circolo di Repsold	
	97 37'	
Oscillazioni da sin[istr]a a destra		30-36
		30,1-36
		31,0-35,2
		31,2-35,2
Circolo	79° 0'	
	79 12	
Circolo di Posizione	12,3	

[**18**] Domenica.

In fine verso sera fu fatta la fotografia generale di tutti gli strumenti da M. Monserrat, con ottimo successo, e buona figura e magnifico apparato. Si presero dal Sig[nor] Botella gli angoli della base misurate la mattina per legare [*la stazione di*] S[an] Michele colla stazione del Circ[olo] Meridiano. Aria ottima, cielo bello, se dura sarà un'ottima osservazione.

[**19**] 15 [luglio] Domenica.

Accomodato il galvanometro con nuovi aghi (calamitati colla sbarra da bussola).

Sperienze termoelettriche.

[elenco dati] Confronto term[ometr]o nero *[con breve elenco dati]*.

[**20**] La zona della fotografia è la porteria antica del convento, nel piazzale avanti della porta; l'architettura non è cattiva ma è cascante e minaccia ruina. I due eremitaggi sono pure in ruina e solo si reggono per misericordia. L'Equatoriale essendo lontano venne assai piccolo. Qui si può dire finiscono i preparativi e domani si andrà a S[an] Michele per esser più separati dal resto della turba che ci minaccia di invaderci, ad onta dei Civiles. Oggi pure si sono fatte varie fotografie solari eccellenti e quel che vi è di molto singolare è un'aureola senza azione che si trova al lembo del sole. Per me questa aureola è un mistero perché la luce del lembo è così [**21**] *[continua-*

zione elenco dati] molto men forte che la luce dell'aria circostante, il che pare un assurdo. Pare che l'orlo abbia una efficacia negativa a distruggere l'azione de' raggi diffusi. Questa frangia o aureola è affatto diversa da quella la quale si vede attorno alle altre fotografie [vivaci?]. È un mistero! Si studii. Nel disco le [**22**] macchie, la penombra, ecc. era definitissimo, onde non si può dire che fosse difetto di azione [*o di*] precisione al f[u]oco. L'im[m]agine deve esser leggiera acciò queste parti colorite si possono rilevare. Nelle fotografie forti il sole viene nero anche in questa zona – Insomma, merita studio.

Fotografia grande di tutto il cielo per la corona e i raggi lucidi se sono secondo la luce zodiacale.

[**23**] 16 [luglio] Lunedì

Preparativi per andare a[*ll'eremo di*] S[an] Michele. Cielo chiaro ma vento che volta al Sud con barometro un poco basso.

[breve serie di dati del barometro a diversi intervalli orari]

Ecco un'altra giornata del diavolo con tuoni e lampi e poca pioggia, [*dato barometrico orario*]

Cumuli sparsi – fotografie del sole in piccolo che vengono proprio come l'ecclisse, aureola, corona, e disco nero! [*altro dato barometrico orario*]

[**24**] *[pagina bianca]*

[**25**] 17 [luglio] Martedì

Giornata di poco buon augurio, coperta quasi affatto di uccellacci grossi.

Bar[ometro] 726,0. Si va a S. Michele con nebbia fissa alla montagna. Tutto chiaro, intorno, salvo a S[an] Michele; tutto il monte stesso in ombra. A $1^{h}½$ si [?] in mezzo alle nubi, alle 2 schiarisce magnifico ma sempre vento Sud Est e barometro basso.

B[arometro] = 701,4. Si prende la risoluzione di mandare a pigliare cavalli p[er] domattina da discendere in caso consimile a questa mane. Intanto si rettificano e si dispongono gli strumenti fino a sera e io discendo.

Magnetometro 30^{d}, 0 a 5^{h} 50^{m}
$30{,}4$ a $6^{[h]}.30^{[m]}$

Vado a dormire a basso all'Eremo di S[an] Giovanni.

[**26**] *[pagina bianca]*

[**27**] 18 Luglio

La mattina nebbia al basso; cielo buono, vento N[ord]E[st] debole.

[tabella dati magnetometro e barometro a diversi intervalli orari]

Il cielo si mette a cumuli. Termomoltiplicatore *[altri dati]* Si è messo la pila dall'altra parte del muro col contatore. Influirà?

Nuvole fisse e chiodate sul monte.

[**28**] Sarebbe imponente se non si *[frase incompleta]*

[**29**] Paragone del cron[ometr]o siderale col pendolo del contatore *[dati cronometrici]*

Sicché il cron[ometr]o marcando tempo siderale, il contatore lo fa pure.

$1^h 12^m$. Si schiarisce, il monte è pieno di curiosi di tutte le specie, uomini, donne, ragazzi, tutto il paese è venuto quassù, più una turba di gente. Che corona [*di persone*].

Bar[ometr]o [=] 702,8; t[ermometr]o [=] 26°2; t[ermometro] [a]n[nerito] = 25,6

Confronto del contatore col cronometro.

9^h 21^m Il contatore avanza 0",15;

1° lembo del [?] 32"

+ 1^m 49^s il 2° [?]

Si fermò il telegrafo

[**30**] 19^m 30^s

Luna veduta alle corna, sì per non più in là di un dito, ciò prova la verità *(Dis. 6)*

Deve essere il corpo della luna che si proietta su la corona del Sole

[**31**] L'orizzonte comincia a oscurarsi – 27^m $30^{[s]}$ – dal lato dell'ombra. Non solo il contorno della Luna è più tagliente che quello dell'orlo del sole, ma si vede attorno al sole un poco di luce da quella parte esterna che non si vede dalla parte della luna.

2^h 31^m Corno superiore torto per le montagne lunari

(Dis. 7) corno superiore

(Dis. 8) più chiaro, più scuro

[**32**] a) La luce è diminuita sensibilmente 2^h 39^m La luce è come coi miei occhiali turchini. Si vedono le stelle dal [?] ma col cannocchiale non me ne fido. È meraviglioso che senza esser al centro [*dell'eclisse*] la luce sia sì poca

t[ermometro] = 22°, 5 al sole

Pare di vedere un punto luminoso sopra del sole (Castor? o Lescarbault)[40]

---

[40] Per metonimia, qui Secchi indica il presunto pianeta intramercuriale osservato dal medico francese Edmond Modeste Lescarbault (1814-1894) nel 1859. L'esistenza del pianeta era stata prevista dall'astronomo francese Urbain Leverrier (1811-1877) sulla base delle perturbazioni osservate nell'orbita di Mercurio; lo stesso Leverrier aveva attribuito al presunto pianeta il nome di Vulcano. L'osservazione di Lescarbault era stata annunciata da Leverrier al principio di quell'anno, e quindi il tema del pianeta intramercuriale era ancora dibattuto, in quel momento. La conferma della sua esistenza poggiava su due possibili metodi: l'osservazione di un transito del pianeta davanti al sole (ciò che sosteneva avere osservato Lescarbault) e l'osservazione diretta del pianeta nelle vicinanze del bordo solare durante le eclissi totali (da qui, il dubbio di Secchi). Agli inizi del XX secolo la relatività generale mostrò come le anomalie nell'orbita di Mercurio siano in realtà dovute ad effetti relativistici e non all'esistenza di un pianeta interno alla sua orbita.

[**33**] b) Piccola macchia ai 40^{m} 34^{s},0
43$^{[m]}$ 59$^{[s]}$,5

(Dis. 9)

Macchia a parallela al lembo della luna, non si vede neppure deformazione. L'oscurità è forte e si incomincia ad aver bisogno del lume.

50^{m} L'asino comincia a ragliare

3^{h} 2^{m}

[**34**] *(Dis. 10)* nube, arco 40^{s}

[**35**] 5 protuberanze [però] nei poli e poi molte altre, più stretta la durata. La prima si è mostrata dove ha sparito *[sic]* la luna, si è accorciata, e ha svanito. Oltre la protuberanza vi era un arco lungo 15° tutto a punte di fiamme; sono comparse alcune appresso in fondo, indi dal lato in cui la luna dovrà comparire, si ha visto punte, e ho potuto [**36**] predire il ritorno 10 s[econdi] prima almeno, tra queste una nube distaccata. Le punte sono affatto a modo di fiamma, e ho veduto certo lo scoprirsi e il coprirsi onde sono reali. *(Dis. 11)*

[**37**] Ho veduto la aureola 40 secondi appresso comparso il sole, nascondendo il sole con un libro. Luna nera, il libro si poteva leggere. L'aureola un peu polarisée mais peu. Visto 2 stelle Venere e Giove, le altre non le ho viste. Un tuono avanti di sparire. Io ho visto solo raggi rettilinei, nel lato superiore raggi curvi visti da Cepeda.

[**38**] La durata è piccola assai in fronte all'aspettata. Le punte sono troppo a fiamma per crederle effetto di refrazione. Si leggeva bene ma forse per la luce della nube vicina che rifletteva. D[on] Gaetano [Sanchez]. Ombre tremolanti vedute da diversi e dal sig[nor] Marchese de [Covilles?]. *[segue testo cancellato]*

[**39**] La luna sta nera affatto senza *[frase incompleta]*. Durata 2^{m} 40^{s} circa, è [levare?] per 3'9''. La lunghezza era più che la distanza de' fili, ma non si poteva misurare perché cambiavano continuamente. La falce ha cominciato a dividersi in grani alle corna, e poi si è ridotta a una linea di due archi quasi concentrici che è sparita quasi tutto affatto ad un istante mescolata colla luce della corona di rose o fiamme. La vera tinta è il colore di fior di pesco rosso e bianco; la corona non era doppia, ma semplice e diffusa, occupava tutto il campo del cannocchiale, e i raggi o [?] rettilinei erano fino a [**40**] 3 diametri del Sole in varie direzioni, formano affatto come i raggi del sole al tramonto fra i fori delle nubi

forma *(Dis. 12)*

Sicché sussiste tutto, la corona che è la atmosfera solare, e i raggi diretti. Le bestie niente affatto ha[n] fatto, solo un asino ragliò poco prima.

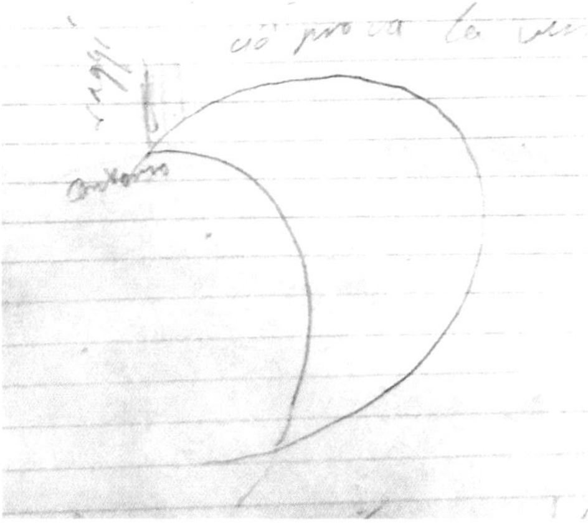

Dis. 6.

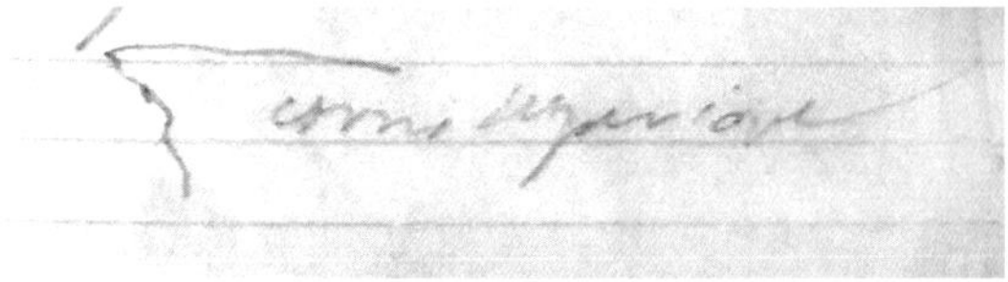

Dis. 7.

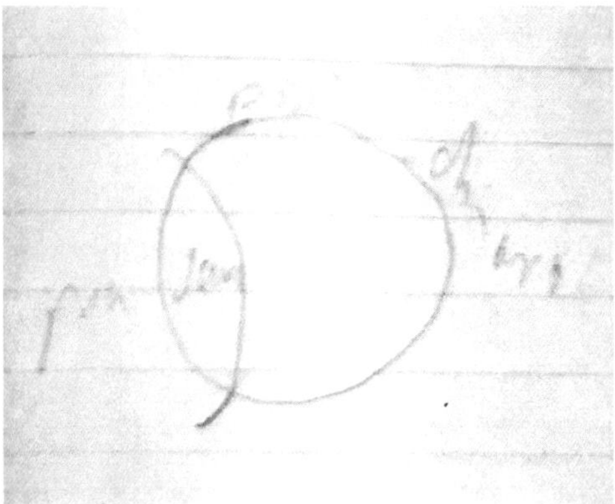

Dis. 8.

Dis. 9.

Dis. 10.

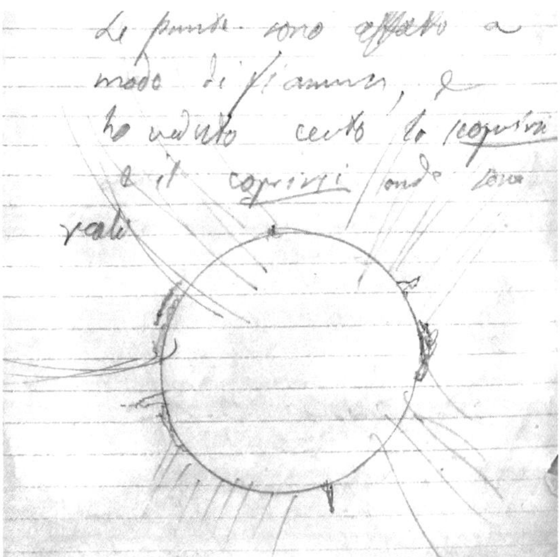

Dis. 11.

[**41**] È veramente bello, ma ce l'ha fatto sperare. Cepeda dice di avere osservato un fascio di pioggia solare o mazzo curvilineo. Poco vento.

Dis. 12.

Angoli delle protuberanze letti sul circolo colla graduazione dall'Est per il Nord, all'Ovest Sud.

La prima (a) presso la punta Nord

a = 75°

[presso 3b?]

nube? b = 39 una di queste (*)

isolata c = 31,3 + 180 = 211, 3 deve essere c

d = 310 lunga in basso

e = 173 180 + 173 = 353

f = 116, 5 lunga? 116 + 180 = 296

(*) due, b o c, appartiene a un diametro opposto – la c senza dubbio

[**42**] Le principali protuberanze si sono mostrate a poca distanza dal punto di immersione.

Il *[sic]* zero è al punto Est apparente, cioè ovest, o di uscita dal campo, il Nord a 90° del circolo, quella di 75° equivale a 15 in Aguilar.

Cosa singolare che il tuono ha scoppiato davanti la totalità, sicché siamo stati vicini a una tempesta e a perder tutto.

Ho visto chiaro da un lato più che dall'altro, in modo che qualche parte dell'[orizzonte?] era più chiara che altre.

[**43**] Luna nera però luce di crepuscolo abbastanza chiaro. Aspetto magnifico, luna nera con cielo non plumbeo ma cenerino.

4^h 12^m

Si vede benissimo il [lembo lunare?] fuori del Sole in continuazione della corona

3^m 47,5

Il magnetismo a M. Mayo – ingegnere Angelo Mayo.

Effetto magico della nube illuminata vicina.

[**44-45**] *[pagine bianche]*

[**46**] Il sig[nor] Prof[essor] Varreda *[= Barreda]* ha perfettamente constatato la polarizzazione, io ho visto le due imagini [sic] così nel polariscopio con un poco di tinta

Dis. 13.

(Dis. 13)

Visto anche Castor e Pollux, Venus restata 11 minuti dopo l'apparizione del sole, 28 secondi avanti della totalità *[osservata dal]* Sig[nor] Alcover.

Ecco l'ordine dell'apparizione: Venus – Jupiter – Pollux – Castor

[**47**] Dispaccio a Roma

Osservazione dell'eclisse completa ottimo successo – fotografie delle protuberanze numerose e corona – avviso al Giornale [*di Roma e*] a Card[inale] Santucci[41]

Durata Gaetano Aguilar
principio 9' 31"
fine 12 41
altro 42"

Io stava attento coll'offuscante graduato di Lerebours[42] a guardare il momento della disparizione, e col vetro più leggiero, quando tutto farsi sembrò [?] mirai il sole ad occhio nudo nel cannocchiale. Allora mi accorsi che mi era molto ingannato – un'area di ben 7 o 8 gradi o anche 15° era tutta [**48**] *[pagina bianca]* [**49**] brillante di luce vivissima, bianco presso la luna e roseo all'esterno terminato da punte irregolari rosee miste a bianche – questo impiegò circa 6 s[econdi] a svanire e allora appena un poco più alto l'altissima protuberanza che io stimai a 2 volte l'intervallo medio de' fili. Accanto a questa era una catena di punte alte la metà per la lunghezza di 5° circa. La fiamma era a punta un poco curvata in cima, e si vedeva diminuire per la base. Io era quasi incantato in questo, e solo un atto di riflessione mi fece girare l'occhio al resto, tanto mi avea sorpreso. Intanto mirando al resto del disco vidi spuntar altre prominenze in basso, e tutto intorno, e ne presi gli angoli col mio micrometro girante, saltai al polariscopio per vedere la polarizzazione e vi perdetti un poco [**50**] *[pagina bianca con annotazioni]* [**51**] di tempo perché la corona comparsa un poco prima non stava nel campo, ma fu bene perché così mirai ad

41 Vincenzo Santucci (1796-1861), creato Cardinale nel 1853, era allora Prefetto della Congregazione degli Studi, che vigilava sulle università e sulle scuole di secondo grado dello Stato Pontificio.

42 Nicolas Lerebours (1807-1873) era un costruttore francese di strumenti scientifici.

occhio nudo il gran fenomeno, che era realmente imponente – Luna Negra come carbone, cinta da magnifica corona uniforme presso il lembo, ma che a qualche distanza di circa ¼ del diametro si spezzava in fasci di luce lunghi 2 diametri in alto e a destra simili in tutto a raggi che talora si vedono attorno al sole uscir tra le nubi; la parte inferiore destra allora non mi parve esser sì lunga. Nel polariscopio di Arago le due imagini non erano eguali in tinta del tutto, e non era più rotonda la corona, ma come ho segnato sopra (vedi) – Salto di nuovo al cannocchiale mirando al cielo e vedo Giove e Venere e qualche altra stella e il riflesso di una immensa nube che stava là presso a noi e da cui alcuno [**52**] *[pagina bianca con annotazioni]*[43] [**53**] disse aver sentito maggiore il tuono nella totalità – Così presso fummo a perder tutto! – Al porre l'occhio all'oculare la scena è cangiata la parte che avea l'immensa protuberanza non mostra che pochi punti lucidi rosei prominenti, l'altra dove stà per uscire il Sole comincia a esser più viva nella corona, e già spuntano le prominenze da tutte le parti. Non è una o due ma innumerabili tra le quali torreggiano due o tre delle quali prendo la misura; dall'altra parte tutto è svanito, qui cresce infinitamente il numero delle prominenze, e già non formano un arco continuo di ben 18 o 20 gradi sulla luna, la luce va crescendo e già si scopre la base bianca del corpo solare, ma non per salto bensì gradatamente e in modo che si vede la [**54**] *[pagina bianca]* [**55**] connessione tra quel rosso e il bianco sottoposto, onde la mia impressione è che le parti rosee sono veramente del sole, perché in più siti le vedo mescolate al bianco; il raggio già diviene intollerabile nel cannocchiale. Allora io miro ad occhio nudo la bella stella che pare luce elettrica brilla in cielo, e già fuga rapidamente le stelle e le tenebre ma vedo distintamente la corona col sole lucente per 25" e coprendo la parte lucida col libro continuo a vederla per 40 secondi e un poco in là.

La luce nella totalità non era sì poca, potetti trovare lo strumento di polarizzazione senza difficoltà, vedere tutto attorno le persone e vicino a me il sig[nor] Sanchez potè leggere comodamente il libro di Mädler.[44]

[**56**] *[pagina bianca]*

[**57**] Uno dei migliori modi per far vedere l'eclisse è la proiezione, e sarebbe bene che tutti i curiosi provvedessero il lor cannocchiale di un cappello per vedere sotto l'ombra sua una grande proiezione dell'eclisse.

[**58**] *[pagina bianca]*

---

43 Vedi nota 32.

44 Non è chiaro a quale libro dell'astronomo Johann Heinrich Mädler (1794-1874) Secchi si riferisca.

[**59**] Le scale fotografiche sono state fatte da diversi, almeno di 5 in 5 minuti, esponevano le lastre e le lasciavano apposta, 1° per 1" poi per 2 mezz'ore.

Si vede in generale *[frase incompleta]*

Fotografie solari dclla corona

La 2ª è venuta mossa e in tutte e 3 sono state impresse le protuberanze

solfato di ferro	1a. 10" di esposizione buona
	2a. 20 agitata e con tre riprese e campo [scuro?]
	3a. 6 l'aureola a ¼ è fissa ma ora più larga
acido pirog[allico]	4a. 36
	5a. 30

Le scale [*frase incompleta*]

[**60**] *[pagina bianca]*

[**61**] Aguilar se n'è andato e ci ha lasciato con nada. Intanto si imballa tutto e si sta aspettando se si fa o no il passo per Madrid alla conferenza. Il peggio è che io sto senza quattrini e così non mi posso muovere. Stiamo con questo P[adre] Priore che è il maggior seccatore del mondo con ottimo cuore, ma è uno spizzichino che ti am[m]azza con attenzioni ed è un'apostanza di noviziato.

[**62**] *(Dis. 14)*

[**63**] *(Dis. 15)* Parte inferiore [*della corona*] – M. Alcovar che merita più fiducia che quella mia

[**64-66**] *[pagine bianche]*

[foglio sciolto, con tabella manoscritta dei dati del termomoltiplicatore, di grafia diversa, con scritte in spagnolo "Dia 18 de Julio 1860. Observaciones con el Termomultiplicador" *e appunto a matita, di mano Secchi* "Osservazioni del sig[nor] Botella"*]*

[figlio sciolto, Dis. 16]

[**67**] (*Dis. 17)*

[**68-70**] *[pagine bianche]*

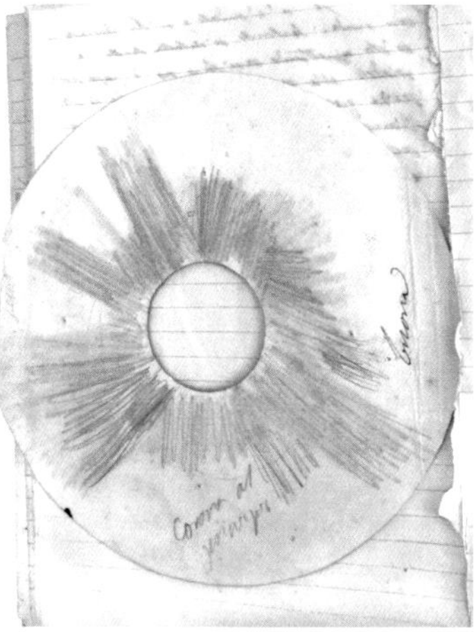

Dis. 14.

Dis. 15.

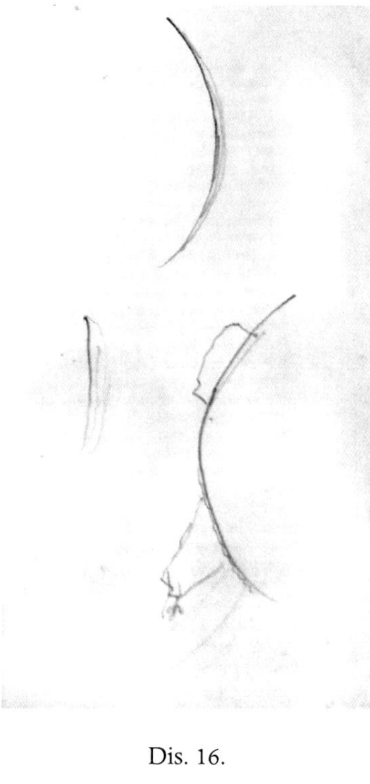

Dis. 16.

Dis. 17.

VIAGGIO A PARIGI PER L'*EXPOSITION UNIVERSELLE*, PROSEGUIMENTO IN INGHILTERRA E RITORNO PER LA SVIZZERA (1867)

Tra i viaggi più importanti di Angelo Secchi vi è certamente da annoverare quello che lo porta a Parigi nel 1867, per partecipare all'*Exposition Universelle*.[1] Secchi aveva ottenuto da Pio IX i fondi per realizzare ed esporre in quella sede il suo celebre meteorografo, un dispositivo automatico in grado di registrare i parametri meteorologici giornalieri, antesignano delle moderne centraline meteorologiche: «esso avrebbe rappresentato a Parigi un simbolo prestigioso e spettacolare dell'attività scientifica e tecnologica dello Stato pontificio il cui futuro, come entità temporale, appariva incerto».[2] È un viaggio che consacra la fama e la popolarità internazionale di Secchi, che ottiene il Grand Prix della Giuria per il meteorografo, ammiratissimo dal pubblico, e viene decorato con la Légion d'Honneur, insieme ad altre illustri personalità scientifiche. Allo stesso tempo, durante il soggiorno parigino, Secchi ha l'opportunità di conoscere personalmente vari colleghi, di visitare diverse istituzioni e di prendere visione dei più moderni strumenti scientifici realizzati da noti costruttori. Il diario descrive bene le difficoltà incontrate nel montaggio del meteorografo, giudizi e stati d'animo di Secchi, la fitta serie di visite e incontri, alcuni particolari di strumenti esaminati, ecc.

Il viaggio prosegue poi in Inghilterra,[3] dove Secchi visita istituzioni e osservatori astronomici (Stonyhurst, Greenwich, Kew, Cambridge), ma

---

[1] A partire dalla *Great Exhibition* di Londra, tenutasi nel 1851, le diverse *Expositions Universelles* si configurarono come gigantesche manifestazioni pubbliche in cui le varie nazioni esponevano ciò che maggiormente illustrava il loro progresso tecnologico e il loro potere economico. P. Greenhalgh, *Ephemeral Vistas: The Expositions Universelles, Great Exhibitions and World's Fairs, 1851-1939*, Manchester, University Press, 1988.

[2] P. Brenni, *Il meteorografo di Padre Angelo Secchi*, «Nuncius», vol. 1, 1993, pp. 197-247: 210.

[3] Il viaggio avvenne su invito dei confratelli della Provincia d'Inghilterra e a spese loro; G. Castellani, *L'Esposizione Universale del 1867. Dal "Giornale di viaggio" inedito del p. Angelo Secchi*, «La Civiltà Cattolica», IV, 1942, pp. 33-43: 34.

anche musei e monumenti (il British Museum e la Cattedrale di Westminster), numerosi colleghi (Secchi si sofferma a descrivere nel suo diario soprattutto le visite ad Huggins ed Herschel – vedi trascrizione) e costruttori di strumenti. Tornato a Parigi, Secchi dedica alcune interessanti pagine alla dibattuta questione della autenticità di alcune lettere di Pascal e Newton, poi rivelatesi false.[4] Infine, nel ritorno verso l'Italia, il diario annota il passaggio attraverso la Svizzera dove Secchi, oltre a fermarsi in alcuni Osservatori (Berna, Ginevra), visitò anche celebri ghiacciai, non mancando di trarne considerazioni scientifiche.

Si ha notizia di un precedente viaggio in Francia ed Inghilterra, risalente al 1858, quando Secchi fu incaricato di provvedere all'acquisto di nuove lenti per i fari dei porti pontifici;[5] di questo viaggio tuttavia, non è stato ritrovato un diario, ma solo il racconto che Secchi ne fa attraverso le lettere a Fratel Marchetti, poi pubblicato da Castellani,[6] e alcuni appunti.[7] Secchi andrà nuovamente in Francia nel 1870 e nel 1872, per partecipare ai lavori della Commissione Internazionale del Metro (vedi diari successivi).

Trascrizione Diario A - APUG FS 23.II.A (ff. 1-47)

[**0r**] Diario (A)[8]

[**0v**] **"Esposizione del 1867. Viaggio in Inghilterra e ritorno per la Svizzera"**

[annotazione a matita, di altra mano, forse Castellani:] marzo-sett[embre](?)

[**1r**] Giornale

Marzo 1867

1 [marzo]. Arrivo a Parigi dopo aver avuto la neve per via, e il tempo cattivo. Qui a Parigi gran freddo.

---

[4] La questione innescò accese polemiche, in cui lo stesso Secchi venne coinvolto; I. Chinnici, *Decoding the Stars. A Biography of Angelo Secchi, Jesuit and Scientist*, Leiden-Boston, Brill, 2019, pp. 276-278.

[5] *Ivi*, pp. 112-117.

[6] G. Castellani, *Il P. Angelo Secchi S. I. e le sue missioni scientifiche*, «La Civiltà Cattolica», IV, 1933, pp. 606-620.

[7] APUG, Fondo Angelo Secchi, 26B.1.

[8] Il diario contiene un biglietto con annotazione di mano ignota: «Consultato e trascritto dal p. Castellani anno 1936».

2 [marzo] Visita al palazzo al Visconte di Chousy[9] s[ot]tocommissario, al Bar[one] du Havelt,[10] 1 ° commissario e all'Osservatorio, ove Leverrier[11] mi invita a pranzo ma non accetto stando in fretta.

3 [marzo] Visita a M[onsieur] Detouche[12] per la verifica e a vedere Cipolla[13] e al Sig[nor] Giordano[14] e Venier.[15] Si procura di ritirare l'ordinazione [*della vetrina del meteorografo*][16] dal Chamouillet[17] per non

---

[9] Potrebbe trattarsi di Alfred Didier Marie Mesnard de Chousy (1834-1895), scrittore e autore, nel 1883, di uno dei primi romanzi di fantascienza, *Ignis*.

[10] Joseph Crépin, Barone du Havelt (1808-1874) era il commissario generale per lo Stato Pontificio presso l'*Exposition Universelle*.

[11] Urbain Leverrier (1811-1877), celebre direttore dell'Osservatorio di Parigi.

[12] Constantin-Louis Detouche (1810-1889), celebre orologiaio francese che fornì l'orologio per il meteorografo.

[13] L'architetto e ingegnere Antonio Cipolla (1820-1874) ebbe l'incarico della progettazione della facciata italiana (ogni nazione doveva decorare la parete separatoria della propria sezione; *L'Italia alla Esposizione Universale di Parigi nel 1867*, a cura di G. Sabbatini, E. Fiorioli, G. Carraro, Raçon et C.ie, Parigi, 1867, pp. 19-25). Fu anche il giurato italiano per la classe LXV (Materiali e operazioni del Genio Civile, dei Lavori Pubblici e dell'Architettura; *ivi*, p. XVIII).

[14] L'ingegnere e geologo Felice Giordano (1825-1892) era Commissario delegato per l'Italia all'Esposizione, nonché direttore delle costruzioni e dell'ordinamento degli oggetti (*ivi*, p. XVI).

[15] Il nome di Venier compare tra i decoratori della parete italiana (*ivi*, p. 25); con ogni probabilità si tratta del pittore e decoratore Pietro Venier (1800-1884), scenografo di diverse rappresentazioni teatrali e opere liriche eseguite presso il teatro La Fenice di Venezia e il teatro San Carlo di Napoli.

[16] Una descrizione sommaria ma completa dello strumento si trova nell'elenco pubblicato degli oggetti inviati all'Esposizione dallo Stato Pontificio: *Un Meteorografo, ossia una macchina destinata a registrare automaticamente in curve continue su fogli di carta a lapis communi, tutti i fenomeni principali che spettano alle variazioni atmosferiche o meteorologiche. Essa è costituita da un basamento di Mogano lungo M[etri] 1:30, largo M[etri] 0:50, alto M[etri] 0:60, su cui si alza un castello a quattro colonne alto M[etri] 2:25, che sostiene tutti i pezzi della macchina. Tra le colonne scorrono a moto uniforme, discendendo, due quadri sui quali si registrano tutti i fenomeni uno accanto all'altro. Uno dei quadri dà la storia di dieci giorni, l'altro di due, ma possono le durate mutarsi a piacere.*

Nel quadro decadico sono registrate:

1. ° La pressione atmosferica, mediante un barometro a bilancia perfezionato, sensibile a 1/20 di millimetro

2. ° La direzione de' quattro venti principali, e degli altri quattro intermedii per combinazione coi primi. La banderuola è di particolare costruzione, e può stare a qualunque distanza perché il registro della direzione si fà colla elettricità.

3. ° La velocità del vento mediante il mulinello di Robinson, che ancora essendo registrato coll'elettricità può mettersi ove si vuole. Si ha la velocità media diurna, e oraria de' diversi venti, e possono studiarsi anche uno o più venti in particolare, e le riduzioni sono fatte dalla macchina stessa.

4. ° La temperatura approssimata mediante il termografo metallico, che può dare 1/4 di grado.

5. ° La pioggia viene registrata tanto nella quantità che nell'ora, in cui è caduta.

Nel quadro biduale si ha:

1. ° Una ripetizione del barometro, ma con scala di ascisse più lunga per rilevare le particolarità più minute della pressione durante le burrasche.

passare per l'Italia [= *per la delegazione italiana*], e vi si riesce per non ferire il barone.

[1v]

4 [marzo] Nuove corse per la vetrina, e vedere chi la farà. Tutto inutile. Visita al Secretario [18] e alla seduta dell'Istituto [= *Institut de France*]. Ottima accoglienza.

5 [marzo] Nuove vicenda per la vetrina. Questi bravi signori dichiarano non potersene incaricare, e da bravi villani lasciano me nell'impiccio. Si ricorre a Chamouillet che me la promette.

6 [marzo] Giri per la conclusione e si riesce. Alla sera visita alla stazione della Ferrovia del Nord con Vescovali.[19]

2.° Il psicrometro, cioè l'indicazione simultanea di un termometro a mercurio secco, e di un altro bagnato per calcolare poi la loro differenza e l'umidità a 1/10 di grado.

3.° Si ripete pure l'ora della pioggia, e su di un altro apparato si registra la quantità.

I vantaggi principali di questa macchina sopra tutte le altre esistenti di questa specie, sono i seguenti.

1.° Facilità somma di confrontare i fenomeni, e trovare le leggi loro relative, il che risulta dall'esser tutte le curve su di un medesimo foglio di carta e con ascisse identiche nel tempo.

2.° Facilità di rilevare l'andamento progressivo delle burrasche, confrontando le curve de' varii siti lontani, fatte nello stesso sistema in istrumenti simili.

3.° Commodità di collocazione in qualunque sala o sito, anche lontano dai luoghi opportuni per gli strumenti, non avendo in ciò altro limite che la forza della Pila.

4.° Facilità di conservazione, non richiedendo altro servigio che la carica dell'orologio ogni giorno, e una osservazione di tanto in tanto per fissare le costanti fondamentali delle curve, il che è indispensabile con qualunque macchi[n]a grafica.

La macchina è stata eseguita in Roma dal Meccanico Signor Brassart, sotto la direzione dell'inventore il Padre R[everend]o Secchi Direttore dell'Osservatorio del Collegio Romano. La Santità di Nostro Signore Papa Pio IX si è degnata dare per ciò un generoso incoraggiamento.

L'orologio è originale e singolare capolavoro del celebre Sig[nor] Detouche di Parigi. Il lavoro Romano non è inferiore ai più belli eseguiti all'estero in simil genere.

Una macchina simile lavora da sette anni all'Osservatorio del Collegio Romano e si è trovata molto utile nello studio meteorologico. Le pile che si usano durano da un anno a quattordici mesi, senza altra cura che di aggiungere acqua e un poco di solfato di rame. (*Elenco generale ragionato di tutti gli oggetti spediti dal Governo Pontificio alla Esposizione Universale di Parigi nel 1867*, Roma, 1867, pp. 40-43).

17 L'identificazione è dubbia, ma nel 1839 un certo François-Joseph Chamouillet, fabbricante di specchi, sposò la nipote del celebre pittore Corot (G. Tinterow – M. Pantazzi – V. Pomarède, *Corot*, New York, The Metropolitan Museum of Art, 1996, p. 205). Non è da escludere che si tratti di questo personaggio: per la costruzione di una vetrina per l'imponente meteorografo occorrevano infatti grandi superfici in vetro, come per gli specchi.

18 Potrebbe trattarsi del Segretario dell'Académie des Sciences per le scienze matematiche e fisiche, il geologo Elie de Beaumont (vedi più avanti).

19 Angelo Vescovali (1826-1895), ingegnere, collaborò con Secchi in varie iniziative, tra cui la costruzione del nuovo Osservatorio del Collegio Romano e un progetto di ferrovie elettriche nello Stato Pontificio; I. Chinnici, *Decoding the Stars. A biography of Angelo Secchi, Jesuit and Scientist*, Leiden-Boston, Brill, 2019, pp. 48; 95.

7 [marzo] Visite al palazzo [*dell'Esposizione*] per la permissione di salire sopra mille difficoltà e mille noie.

[2r]

8 [marzo] Si scrive in dettaglio ciò che si vede, e visite diverse. Nota ai 5. Vi fu seduta alla sera in casa del Nunzio,[20] ove l'Ab[bé] Moigno[21] fece degli esperimenti di luce elettrica assai mediocri sulla spettrometria e voleva fare mirabilia.

9 [marzo] Questa sera 9 [marzo] seduta di chimica, dove M[onsieur] Daubré [*sic, ma* Daubrée][22] mi invita a sedere accanto a sé che è presidente, e a levarmi dal posto di 2° ordine dove io stava, e andare al Bureau con molta meraviglia di tutti.

La seduta è brillante ma ha poco interesse di novità, e solo Henry S[ain]te Claire Deville[23] mostra de' bei pezzi di cristallizzazione ottenuti sotto pressione **[2v]** per alternative di calore e di raffreddamento, nelle materie insolubili nell'acqua come il carbonato di calce, ecc.

A[d]dì 9 al mattino gran neve. Visita a M[onsieur] S[ain]te Claire Deville[24] al mattino, ove trattasi di meteorologia e di certo suo imbroglio di curve, che non è poco.

10 [marzo] Giri al Commissariato ecc. a sera a Rue des Postes,[25] ove era stato pure nella sera ultima di carnevale, corteggiato in modo straordinario dal Rettore, che mi diede il posto di onore.

11 [marzo] Visita al Commissariato, e finalmente si conclude per la trappa sul tetto. Di più si mette premura per un luogo opportuno per **[3r]** il vento e per la banderuola, e jeri avea pregato il Secretario della Commissione italiana di prestarsi presso il sig[nor] proprietario della casa ove sono essi per avere la sua torretta. Mentre io aspettava

---

20 Monsignor Flavio Chigi (1810-1885) fu nunzio apostolico in Francia dal 1861 al 1873, anno in cui fu creato cardinale e richiamato a Roma.

21 L'Abbé François Moigno (1804-1884) matematico e fisico, era molto noto per la sua attività di divulgatore scientifico; fondò le riviste «Cosmos» e «Les Mondes» (poi unificate), e fu un paladino del dialogo scienza-religione.

22 Gabriel-Auguste Daubrée (1814-1896), geologo francese.

23 Henri St. Claire Deville (1818-1881), chimico francese, fu direttore del dipartimento di chimica dell'Ecole Normale Supérieure a Parigi.

24 Charles St. Claire Deville (1814-1876), geologo e meteorologo, fratello di Henri (vedi nota precedente).

25 A rue des Postes (oggi rue Lhomond) si trovava il Collège St. Geneviève, sede dell'antico noviziato dei gesuiti a Parigi.

risposta vado dal Gen[erale] Morin[26] al conservatorio,[27] e mi suggerisce questo sito stesso senza sapere però che fosse identico con quello che io avea progettato; torno a casa, e ricevo lettera di Giordano che mi dice come il proprietario est enchanté di avere il bene di prestare la sua torretta, che essa è a mia disposizione in tutto. È questo il medesimo Flaud[28] di cui mi avea parlato il Sig[nor] Gen[erale] Morin. Ottima persona, detto [**3v**] ingegnere che si onora di servire alla scienza. È una grande responsabilità la mia in questo momento, ma tutto si farà.

Alla seduta pubblica dell'Istituto [= *Institut de France*], ho avuto posto distinto fra i membri nel grande anfiteatro. I membri in grande abito nero, i 3 funzionarii in abito dell'istituto, cioè nero con rabesco verde. Le truppe schierate avanti rendevano gli onori ai membri che uscivano. Uditorio assai numeroso e di non poche signore. Mi fu presentato Figuier[29] e diversi altri, è rosso di pelo, alto e spigliato. Delaunay[30] fece ben'i complimenti di accomiato. Sgraziatamente io era venuto troppo tardi e nel fine, ma mi premeva più la torretta.

[**4r**] Alla sera ricevuta la lettera del P[adre] Picirillo *[sic]*[31] che risponde alla mia, e dà la risposta del Cardinale,[32] cioè che non possono mandare altro perché le cose si rompono e i proprietarii non vogliono spedire senza una garanzia, ciò che il Governo non può dare.

---

26 Il generale Arthur-Jules Morin (1795-1880), fisico, direttore del celebre Conservatoire Impérial des Arts et Métiers.

27 Vedi nota precedente.

28 È dubbia l'identificazione con l'ingegnere Henri Flaud (1816-1874), altro espositore.

29 Louis Figuier (1819-1894), celebre divulgatore scientifico, direttore della rivista «La Science illustrée».

30 Charles-Eugène Delaunay (1816-1872), astronomo e matematico, celebre per i suoi studi sul moto della Luna.

31 P. Carlo Piccirillo (1821-1887) fu consigliere di Pio IX e a lungo direttore della rivista «La Civiltà Cattolica» (G. Martina, *Pio IX (1867-1878)*, in *Miscellanea Historiae Pontificiae*, vol. 58, Roma, Editrice Pontificia Università Gregoriana, 1990, p. 172). Secchi gli aveva scritto sollecitando l'invio di altri materiali da esporre (G. Castellani, *L'Esposizione Universale del 1867. Dal "Giornale di viaggio" inedito del p. Angelo Secchi (1)*, «La Civiltà Cattolica», III, 1942, pp. 224-232: 229).

32 È probabile che si tratti del potente Cardinale Giacomo Antonelli (1806-1876), Segretario di Stato; al barone Pier Domenico Costantini Baldini, Ministro del Commercio e dei Lavori pubblici, Secchi scrisse una lunga lettera di protesta per la pessima figura dello Stato Pontificio (Chinnici, *Decoding the Stars*, [cit. nota 19], pp. 129-131), che aveva inviato all'Esposizione materiale di scarso interesse; anche gli ambienti cattolici locali ritennero che solo il meteorografo avesse salvato il decoro dello Stato Pontificio (*ivi*, pp. 131-133).

A[d]Dì 12 [marzo].

Dal Visconte *[de Chousy]* per indicargli la lettera. (Fa schifo a sentire il card[inale] che ricusa di inviare roba che faccia onore allo Stato perché gli è rivenuta rotta. Di chi è la colpa? Non è sua? E poi quella era roba guadagnata dio sa come, forse era in regalo, ma il dio pecunia col resto è ciò che governa [que]sti signori: l'interesse della chiesa è un corno per essi.) Non ho letto la lettera al Barone *[du Havelt]* perché sarebbe andato [**4v**] in furia. Appresso vado al palazzo e prendo le misure del canapo che è 100 metri fuori dell'orifizio del ventilatore. Più l'interno della Galleria. Sento che vi è della roba arrivata e vado dal Commissario e dal[l']architetto. Alla sera al Palazzo, ma ciò che si trova è di Casalini:[33] il resto verrà domani! Tempo perso da Soleil Duboscq[34] senza trovarli. Visite in casa nostra di Molza,[35] di El[ie] Beaumont,[36] Malvasia,[37] Soleil[38] e Festugière[39] che offre i tubi.

13 Marzo.

Nevica di nuovo. Gite inutili per trovare le casse. Alfine si sa che sono arrivate e tutte al palazzo ma cacciate indietro perché nessuno da 5 giorni [**5r**] erasi presentato a scaricarle. La iettatura romana segue dappertutto. Erano 3 giorni che tempestavo che almeno mi dessero il permesso di cercare da me, e sempre mi si negava. Infine per caso le trovai io girontolando [*sic*], che vidi i colli di Casalini! La difficoltà sta a levarli dove ora sono.

14 [marzo]. Altri giri inutili tutto il mattino al Campo di Marte,[40] ma si ottiene indirettamente il fine che gli uomini si movono, e infatti alla sera già si comincia a trasportar le casse.

---

33 I Fratelli Casalini, celebri costruttori di carrozze faentini, avevano esposto un paio delle loro carrozze; *Elenco generale ragionato* (cit. nota 16), p. 114.

34 L'ingegnere Jules Duboscq (1817-1896) era genero del costruttore di strumenti ottici Jean-Baptiste Soleil (vedi nota 38) e ne aveva rilevato una parte delle attività.

35 Il gesuita p. Ugo Molza (1821-1891) era stato uno dei compagni di esilio di Secchi negli Stati Uniti; Chinnici, *Decoding the Stars* (cit. nota 19), p. 34.

36 Elie de Beaumont (1798-1874), geologo francese, segretario dell'Académie des Sciences.

37 Il conte Ercole Malvasia Tortorelli era cultore di archeologia.

38 Jean-Baptiste-François Soleil (1798-1878), costruttore di strumenti, aveva la sua officina a Parigi in rue de l'Odéon.

39 Potrebbe trattarsi di Noël Festugière, che nel 1865 aveva brevettato l'omonimo carburatore (W. Greenleaf, *Monopoly on Wheels: Henry Ford and the Selden Automobile Patent*, Detroit, Wayne State University Press, 2011, p. 164).

40 Sede del Palazzo dell'Esposizione.

Dis. 1.

Visita a Rhumkorff[41] e la sera da Hervé Mangon[42] dove è una brillante società meteorologica e dove si vede il dialysseum[43] de M[onsieur] Salleron,[44] per assorbire l'idrogeno. Consiste in una specie di Bar[ometr]o aneroide la cui cassa è col fondo [**5v**] di terra cotta fina. L'idrogeno vi penetra più che l'aria e cresce la pressione appena si affaccia a un tubo a gas anche lontano. Un altro sistema consiste in un manometrino *(Dis. 1)* a vasta bocca coperta da lastra di terra cotta la quale assorbendo l'idrogeno fa alzare il mercurio m e chiude il circuito di un campanello elettrico.

La macchina di Holtz[45] è una cosa assai curiosa, lasciandola solo a sé non dà che piccola luce diffusa con molta corrente, ma con due piccole bocce di Leida aggiunte fa mirabilia, e dà scintille di 0^{m}, 12^{cm}. La luce elettrica nei tubi è superba.

[**6r**] Alla serata [vi] era Dumas[46] che mi presentò copia delle opere di Lavoisier[47] finora pubblicate in 3 grossi volumi. Vidi Marié Davy[48] che è un bravo giovane ma che per lui tutto è in Francia. Ha una grande opinione di Foucault[49] per li vetri, e io credo che sia un gran ciarlatano questo Foucault. Venne anche Ganot,[50] che è vecchio e zoppo, per avere i disegni della macchina meteorografica.

15 [marzo]. Giri di nuova specie per l'imbecillità di Barlocci[51] che ha lasciato i vagoni senza scaricarli quando era tempo. Inutile. Sono stanco

---

41 Heinrich Daniel Ruhmkorff (1803-1877), costruttore di strumenti, noto per aver ideato e commercializzato il rocchetto a induzione, che da lui prende il nome.

42 Hervé Mangon (1821-1888), ingegnere e uomo politico, presidente della Società Meteorologica di Francia.

43 Strumento ideato per l'assorbimento dell'idrogeno.

44 Jules Salleron (1829-1897), costruttore parigino di strumenti scientifici.

45 Si tratta del generatore elettrostatico inventato da Wilhelm T. Holtz (1836-1913).

46 Jean-Baptiste Dumas (1800-1884), chimico francese.

47 Antoine-Laurent de Lavoisier (1743-1794), celebre chimico francese decapitato durante la Rivoluzione, considerato il padre della chimica moderna.

48 Edme-Hyppolite Marié-Davy (1820-1893), fisico e inventore francese.

49 Léon Foucault (1819-1868), fisico francese.

50 Adolphe Ganot (1804-1887), autore dei più noti testi didattici di fisica di quel tempo.

51 Tale Gaetano Barlocci compare come giovane tecnico assistente di De Rossi (vedi nota 55); G. Capitelli, *L'archeologia cristiana al servizio di Pio IX: la catacomba in fac-simile di Giovanni Battista De Rossi all'Esposizione Universale di Parigi del 1867*, in *Martiri, santi, patroni: per una*

e non si fa nulla. Si apre una cassa per tirar fuori una carrucola, e l'orologio, e resta tutto così. Vedremo. Alla sera forte insulto di nervi e debolezza estrema. Che vi sia stata perturb[azione] magnetica? Ma credo piuttosto strapazzo.

[6v] 16 [marzo]. Si comprano strumenti per lo sballaggio e aggiustamento. Poi si và all'Esp[osizion]e e si deve dare una mancia per lavoro straordinario fatto ieri sera e per ciò che si fà onde sollecitare. Si cavano in fine tutte le cose. Si sballano i pezzi più grossi e tutto si trova in buon ordine. Si manda l'Orologio a Detouche per le cosette da fare: molte lodi agli imballatori.

17 [marzo]. Visita di Caligni [*sic, ma* Caligny].[52] È un uomo tutto patina, e seccante all'eccesso per le decorazioni, ma io gli ho detto tondo che non posso occuparmene. Venuto Vescovali. Alla sera si va al Palazzo per vedere se han messo le carrucole, e si trova Laisné.[53] Dall'architetto, e mi riposo un poco. Tempo pessimo a sera mentre era bello al mattino, il vento di levante cominciò a ½ dì.

[7r] 18 [marzo]. Nevica, e ha nevicato tutta la notte. È un bel clima davvero questo del nostro bel Parigi, carino! Distanze enormi, per fare un affare ci vuole un anno! Ogni sciocchezza è un gran problema, e in sole vetture se ne vanno 4 franchi in una gita a Detouche che sta all'altro estremo. Sono costretto a pranzare al Palazzo dell'Esp[osizion]e. Al ritorno vado da Detouche e mi fa molti complimenti, ma capisco che non si vuole incaricare di nulla. Si sballa la macchina.

19 [marzo]. Al palazzo porto la tenda, e comincio a montare la macchina. Trovo tutto bene, e fa incontro il lavoro assai; vedo che Detouche fa difficoltà a spendere, quindi gli pago subito il solfato, e prendo i vasi da Prudhomme[54] limitandomi solo al mercurio per lui.

---

archeologia della devozione, a cura di A. Coscarella, P. De Santis, Atti X Congresso Nazionale di Archeologia Cristiana, Università della Calabria, 2012, pp. 555-566: 561.

52 Anatole-François Hüe (1811-1892), marchese di Caligny, matematico e ingegnere francese.

53 Jean-Charles Laisné (1819-1891), architetto francese, faceva parte della commissione governativa francese per i monumenti storici; da quanto afferma Secchi, sembra che a lui fosse affidata la sistemazione del padiglione dello Stato Pontificio.

54 Il nome Prudhomme compare come ditta parigina di vetrai nell'inventario dei brevetti relativi alla fabbricazione di vetrate; A.F. LOZANO CAJAMARCA, *Innovations des techniques verrières au XIX*[e] *siècle et leurs applications dans la réalisation de vitraux*, vol. 2, Annexes, Paris, 2013 (tesi di dottorato), p. 115.

[**7v**] Arriva De Rossi[55] per la Catacomba e tutti i facchini ridono perché siansi portati questi arnesi come se non si potesse fare a Parigi.

24 [marzo]. Domenica.
Fino ad oggi sempre giri pel campo *[di Marte]*. Montata intanto la macchina e la vetrina ma ancora senza vetri. Fatto fare lo scappamento a camme all'orologio, per l'interruttore e finora tutto và bene. Déjeuné da Duverneuil[56] con Lartet,[57] d'Archiac,[58] i Derosier,[59] Deville ecc.
Alla sera dal B[arone] du Havelt alla serata de' Pellegrini di Terra Santa. Cosa assai inconcludente. Vidi il card[inale] Bonnechose[60] che parlò molto senza dir nulla; fece una infinita lista de' luoghi santi e diede la benedizione.

[**8r**] 25 [marzo]. Messo in posto altri pezzi della macchina.

26 [marzo]. Segue lo stesso. Alla sera seduta alla soc[ietà] meteorologica in cui mi fanno presiedere.

27 [marzo]. Collocazione di pezzi ma pochi perché manca l'orologiaro.

28 [marzo]. Collocati i circuiti del psicrometro e il tubo della pioggia.
Mascherata della mi-carême veduta a Rue du Bac.

29 [marzo]. Messo il mulinello, e fatti stordire tutti i curiosi dell'Esposizione. Restano tordi. Ma gli intelligenti sono pochi. Peligot[61] e Becquerel[62] vennero a vedere. Polvere immensa. Il mio *[operaio]* valacco ha fatto una stufa con un peristilio grande come una casa. È mirabile l'aplomb col quale mette que' tubi uno nell'altro [**8v**] per far le colonne. Non si può negare che il sistema sia buono, solo è molto imbarazzante. Mura coll'argilla

---

55 L'archeologo Giovanni Battista De Rossi (1822-1894) portò all'Esposizione il facsimile di una catacomba paleocristiana; Capitelli, *L'archeologia cristiana al servizio di Pio IX* (cit. nota 51).

56 Philippe Édouard Poulletier de Verneuil (1805-1873), celebre paleontologo, autore di diverse campagne di studi in Russia, Stati Uniti e Spagna.

57 Louis Lartet (1840-1899), geologo e paleontologo, collaboratore di Verneuil nelle campagne condotte in Spagna.

58 Étienne Jules Adolphe Desmier de Saint-Simon, Visconte d'Archiac (1802-1868), celebre geologo e paleontologo francese.

59 Probabilmente si tratta dei Desrosiers, famiglia di stampatori e litografi di Moulin, che pubblicarono alcuni lavori di paleontologia presentati al Congrès scientifique de France del 1872. Castellani legge "e De Rossi" (Castellani, *L'Esposizione Universale del 1867*, [cit. nota 31], p. 232).

60 Henri-Marie-Gaston Boisnormand de Bonnechose (1800-1883), arcivescovo di Rouen e primate di Normandia, fu creato cardinale da Pio IX nel 1863.

61 Eugène-Melchior Peligot (1811-1890), chimico, membro della giuria dell'Esposizione.

62 Alexandre-Edmond Becquerel (1820-1891), era titolare della cattedra di fisica presso il Conservatoire des Arts et Métiers a Parigi.

mescolata a tritumi di canapa lunghi circa 2 centimetri che impediscono dell'argilla il fendersi. È insomma l'idea avuta da me altra volta, e lasciando il barocchismo della costruzione, può applicarsi bene anche da noi.

30 [e] 31 [marzo] lavori al solito

1° aprile. Apertura. V[edi] storia nelle lettere a Marchetti.[63]

2, 3 [aprile] accomodamenti diversi alla macchina

4 [aprile]. Visita a Foucault il quale mi mostra varie cose e specialmente [la ruota?] satellite nel suo apparato della luce.

[9r] *(Dis. 2)* a b c, axe, folle puce par le 2nd rouage, folle puce par le 1er rouage

Sono due ruote matte sull'albero della 3ª rota media a. Questa è trasportata per le due rotine b. e c che sono fisse eccentricamente e và avanti o indietro secondo che lavora l'uno o l'altro de' due ingranaggi laterali.

7 [aprile]. al giardino delle piante inutilmente

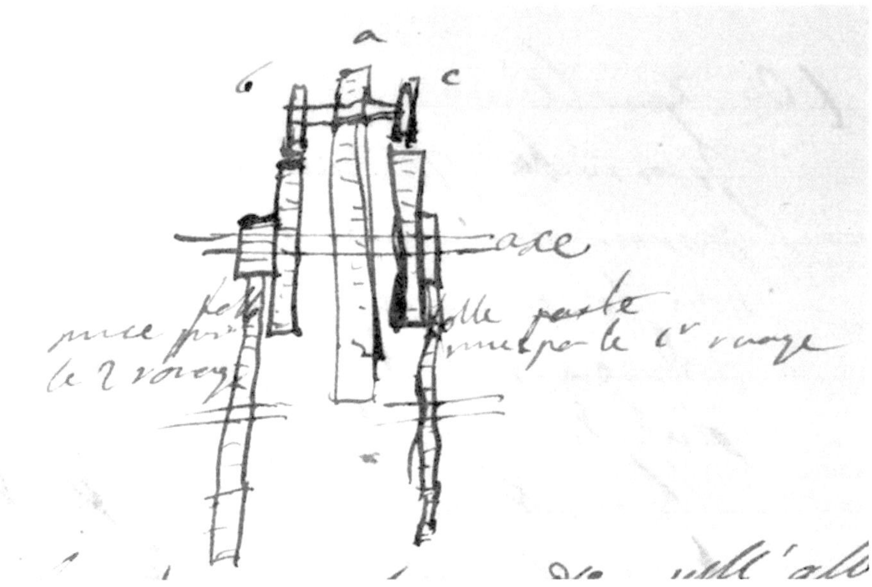

Dis. 2.

[63] Riportate in G. Castellani, *L'Esposizione Universale del 1867. Dal "Giornale di viaggio" inedito del p. Angelo Secchi (1)*, «La Civiltà Cattolica», III, 1942, pp. 291-298: 291-292.

8 [aprile]. Visita alla sera da Leverrier, tempo pessimo. Conversazione con Dove,[64] Foucault, Legrand[65] e altri geologi e ingegneri e fisici, Hébert,[66] ecc. Ma il pranzo è più che pagato per via. Essendo tempo orribile bisogna prender la vettura e costa 4 f[ranchi].

[**9v**] 10 aprile.

Giornata climaterica. Da tre giorni gli artisti di Prudhomme non facevano nulla. Ieri sera lo vidi e mi disse che avrei potuto contarci per sta mane. Stamattina nulla affatto fino alle 10½. Allora prendo una vettura, e vado da Prudhomme, e senza aspettare che venga mi metto a scrivere una lettera di protesta, che non avrei ricevuto il canapo se quella sera non era proseguito il lavoro in modo che domani potesse esser finito. Dopo molte scuse di sorpresa ecc. ecc. Il fatto è che alle 11h½ gli operai sono sul posto e si [**10r**] comincia a meltire. Ma poco dopo viene levata la scala. Allora io cerco la scala, e invano: non si trova: infine faccio pigliar la scala e uno si presenta per arrestarla. Gli dico quanto volete in locazione – risp[osta:] due franchi – ve ne do 3 e lasciate la scala. Egli la lascia, e vedremo se viene a prendere i 3 franchi. Fin qui la prima scena. Viene la 2ª. Un ragazzaccio del[l'] assistente all'architetto mi dice con gran <u>tono</u> di esser pronto per le casse – volentieri – che volete fare. Quà là su giù – Rispondo tranquillamente, questo non è ciò che avete detto tre giorni fa, quindi bisogna che io prenda le mie misure, [**10v**] le mie misure sono tali e tali, ho bisogno delle casse: e voi non le potete levare. È indifferente metter questa là o qua; – Egli impertinentemente soggiunge che sono state fatte delle spese inutilmente per me se ciò non si eseguisce – rispondo che non essendo io stato interpellato non era responsabile. Infine per finir la lite dico: il Commissario decida. Il Visconte dice che si faccia ciò che ha detto l'architetto: io m'inchino, ma replico la condizione che sia <u>definitivo</u>. Allora Laisné[67] risponde: non garantisco, molte altre cose si dovranno mutare. Ebbene [**11r**] io rispondo: finché non sarà definitivo, me ne vado. Allora il Commissario dice: andate che non siete mai contento, io allora vado immediatamente *[e]* a tale insulto non replico. Egli mi corre dietro dicendo: ma tutti cercano di far quel che volete – Sì è vero, finché non ci entra Laisné, i commissarii fanno da sé ciò che loro credono meglio, ma se difendono Laisné essi non sanno ciò che fanno: costui ha fatto dell'opposizione fino dal 1° giorno e adesso per una inezia cerca [*di*] indispettire. Non

---

[64] Heinrich Wilhelm Dove (1809-1879), insigne meteorologo prussiano.

[65] Potrebbe trattarsi dell'illustre mineralogista Alfred-Louis-Olivier Legrand des Cloizeaux (1817-1897).

[66] Edmond Hébert (1812-1890), professore di geologia alla Sorbona.

[67] Vedi nota 53.

capisce nulla di ciò che ho da fare e vuole imporre con sussiego a me. Allora [**11v**] il commissario vuol prendere le sue difese e io mi dichiaro che non voglio far nulla e me ne andrò se non si fa qualche cosa definitivo perché le cose mie non sono pupazzi da mutare qua e là, e così me ne vado.

L'esito è stato che i falegnami si sono messi con attività a sistemare le cose, ma io scriverò a Roma con queste vessazioni de' commissarii quasi che noi fossimo loro servitori. L'imbecille di Barlocci si mette dalla loro invece di appoggiare e dice che pagano ... Pagano un corno. Paga il Governo e devono darci ciò che occorre.

Terza piaga. Oggi infine [**12r**] si sono ridotti a mettere la tela o velum. Io sono stato per tre ore colla febbre. Dei ragazzacci ubbriachi e discoli, cantavano, saltavano, facevano le corse su e giù pei castelli fatti con bollette di Francia e mezzanelle! E io temeva che ad ogni istante una qualche disgrazia rompesse la vetrina. Infine, come dio ha voluto, nulla è successo.

Il canapo è arrivato da Flaud in regola e domani si metterà la banderuola.

Chi avesse da scrivere i souvenirs de l'exposition, dovrebbe fare più capi. 1. Disordine organizzato. 2. Grève masquée des ouvriers qui sont là sans travailler. 3. Absurdité. 4. Imprévoyance. 5° volubilité. 6° il pubblico [giuntato?] 7. Esponenti gabbati. 8. [Pelati?] ecc.

[**12v**] 11 Aprile.

Che i Francesi fossero gabbia di matti [*io*] lo sapeva, ma non a tal segno. Tutti gridano contro l'esposizione e tutti poi vi corrono. Ma più matto di tutti è il Barone du Havelt che impiccia tutto tutte le volte che viene. Oggi la mia ombrella non gli andava bene, ha angariato un povero Ministro portoghese a venire a vedere la machina [*sic*] e pigliava pel collo a qualera.

Ciò è stato fatto certamente per distruggere l'affare di jeri ma io sono stato sostenuto benché cortese.

12 aprile - finito di mettere il canopo con infiniti fastidi. La sua resistenza è sensibile alla pila.

[**13r**] 13 [aprile] Visita del Giury alla macchina. Tutti amici e molto ben disposti: Delarue,[68] Lissajous,[69] De la Rive,[70] Magnus,[71] Jacobi,[72] Foucault.

---

[68] Warren De la Rue (1815-1889), astronomo inglese, pioniere della fotografia astronomica.

[69] Jules-Antoine Lissajous (1822-1880), matematico e fisico francese.

[70] Auguste De la Rive (1801-1873), fisico svizzero, noto per i suoi studi di elettrochimica.

[71] Heinrich Gustav Magnus (1802-1870), chimico e fisico tedesco, scopritore dell'effetto Magnus (variazione di traiettoria di un corpo dotato di moto rotatorio e traslatorio in un fluido).

[72] Moritz Hermann von Jacobi (1801-1874), fisico e ingegnere russo-tedesco.

Sono venuti da Giudici, sono restati da amici, partiti da scolari, perché trovavano cose nuove. Vedremo, han usato espressioni straordinariamente benevole e lusinghiere. Vedremo.

16 [aprile]. Visita del Duca Principe di Leuchtenberg[73] figlio dell'Imperatore di Russia. È stato due ore attorno alla macchina. È molto intelligente, e vi ha preso grande interesse; con molti altri. Proponevano di farne far diverse per la Russia e domandavano a chi indirizzarsi. Egli, il Principe disse, a chi meglio che a lui. E chiese una descrizione Italiana che gli mandai. Vedremo. Finita la visita il Visconte mi disse che non [**13v**] si parlasse di prezzo, perché vi era altri che voleva già farne negozio. Io dissi che non avea contrattato nulla, solo gli dirò che si spieghi meglio in caso che venisse qualche domanda, non voglio stare alle chiacchere di questi buffoni.

Tra le cose belle vi è la zincografia, cosa veramente superba, e con cui gli inglesi fanno carte, copie di edizioni e tutto quello che si può fare di fino e copie di fotografia a ottimo prezzo.

L'altra è la conservazione de' tessuti organici pel prof.[essore] Brunetti[74] di Padova. Sono veramente sorprendenti. Essi conservano la loro mollezza e flessibilità. Sono asciutti, inodori, ed è il solo tessuto solido spogliato de' liquidi senza sformarsi talché si presta allo studio del microscopio.

[**14r**] 18 [aprile]. Visita di Siemens,[75] Boutigny,[76] Becquerel ecc. alla macchina. Siemens era molto sostenuto al principio, ma è finito coll'entrare in domestichezza e lodare assai. Wheatstone[77] e Tyndall[78] vennero ieri, quest'ultimo fu molto contento, è sempre convulso, magro e si vede un uomo che si ammazza per lavorare!

20 [aprile]. Visita dell'Imperatore.[79] V[edi] storia scritta a Marchetti.[80] L'imperatrice[81] avea gran voglia di parlare e di trattenersi, e mi accorsi che avrebbe voluto tirare assai a lungo.

---

73 Nikolaj Maksimilianovitch (1843-1891), principe Romanowsky, era nipote dello zar Nicola I; di lui è nota la vivacità intellettuale e l'interesse per la scienza.

74 Lodovico Brunetti (1813-1899), anatomopatologo dell'Università di Padova, fu poi premiato per la tecnica di sua invenzione.

75 Werner von Siemens (1816-1892), inventore tedesco.

76 Pierre Hippolyte Boutigny (1798-1884), chimico francese.

77 Charles Wheatstone (1802-1875), fisico e inventore inglese.

78 John Tyndall (1820-1893), fisico inglese.

79 Si tratta di Napoleone III (1808-1873), Imperatore di Francia.

80 V. Castellani, *L'Esposizione Universale del 1867. Dal "Giornale di viaggio" inedito del p. Angelo Secchi*, «La Civiltà Cattolica», III, 1942, pp. 224-232; 291-298 (297-298).

81 L'imperatrice Eugenia (1826-1920), di idee politiche conservatrici, fu però sempre attratta dalle novità tecnologiche.

21 [aprile]. Pasqua. Andai a N[otre]-Dame. È una bella chiesa, ma la nave di mezzo non supera il Coll[egi]o Romano.

23 [aprile]. Si andò in fretta con quei di Rue des Postes a pranzare alla villa, che resta a 9 leghe distante da Parigi ad Athys. È un bel [**14v**] sito e molto ben posto. Il casino è un antico castello di Signore e ha un bel parco. Vi si vede la Senna sul suo letto e colle ripe verdeggianti e la strada ferrata vicina. È un bel soggiorno di villegiatura [*sic*] ma incommodo pella distanza.

Alla sera fui a pranzo dal Bar[one] Thenard[82] ove non erano che savants di tutte le nazioni, ma specialmente russi e prussiani, e anche molti francesi. Quatrefages,[83] Puy-le-Lome[84] inv[entore] de' bast[imento] corazzato, Frick[?] di *[San]*Pietroburgo, Jacobi, Dove, Magnus, col quale mi trattenni a lungo, Leguier il Barone,[85] Peligot, Hoffmann,[86] ecc. ecc.

24 [aprile]. Veduto Regnault[87] e altri. Curiosità osservate – Macchina americana a due pistoni cilindrici e roteggio, che va a vapore e [**15r**] fa da pompa – Luce elettrica dell'Alliance[88] in pieno sole visibile assai – Telegrafo di Siemens coll'ancora a tasto, e a quadrante – Macchina Lenoir:[89] è bella e semplice, ma colla pila – Rimontatore inglese a catena continua che alza il peso doppio come nella carica dell'orologio ordinario. È un ottimo sistema per l'elettrico. (*Dis. 3*) asse della [?] pendolo, sull'asse che comunica, rota fatta col peso e che carica il pesetto rimontatore.

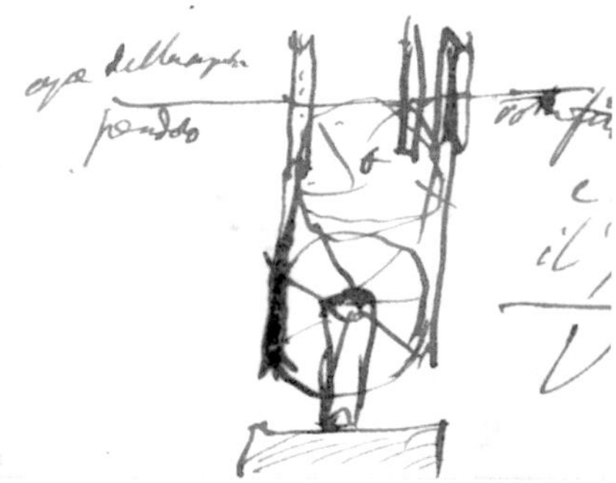

Dis. 3.

[82] Il barone Arnould-Paul-Edmond Thénard (1819-1884), figlio del celebre chimico Jacques Louis (1777-1857), era agronomo, e membro dell'Académie des Sciences.

[83] Si tratta del biologo francese Jean Louis Armand de Quatrefages de Bréau (1810-1892), membro dell'Académie des Sciences.

[84] Henry Dupuy de Lôme (1816-1885), ingegnere francese specializzato nella costruzione delle navi corazzate.

[85] Un certo Baron Leguier è dato come inventore di una bilancia automatica; C. KNIGHT, "Numbering Machines", *Arts and Sciences*, vol. V, London, 1867, p. 995.

[86] Potrebbe trattarsi del chimico Auguste Wilhelm von Hofmann (1818-1892), noto nel campo della chimica organica per aver dato il nome ad alcune reazioni, inventore di un particolare tipo di voltmetro.

[87] Henri-Victor Regnault (1810-1878), chimico e fisico francese.

[88] La Compagnie de l'Alliance fu una delle prime società a costruire macchine per la produzione di energia elettrica.

[89] Jean Joseph Etienne Lenoir (1822-1900), belga, inventore del motore a combustione.

Visita a Leverrier.

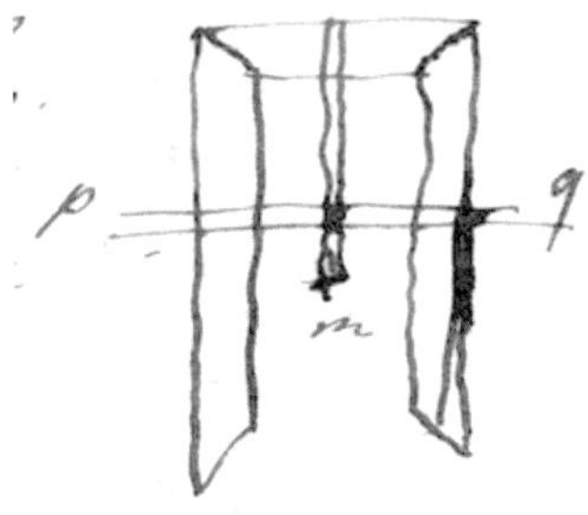

Dis. 4.

[15v] 5 maggio. È molto più semplice il sistema a rota planetario di Siemens (*Dis. 4 con scritte* m, p, q) Le due ruote ad angolo grandi equali, portano a destra e a sinistra il ro[c]chetto ad angolo il cui asse m giuoca come un'alidada facendo rotare l'asse pq. Questo porta un indice che và a destra e sinistra. Pare meno soggetto a sconcertarsi di quello di Foucault. Ma esige due roteggi indipendenti per muovere le due ruote conduttrici.

Koenig[90] ha trovato il modo da misurare le ottave altissime colle verghette di acciaio corte che fa vibrare.

È notabile che dando un colpo si sente un colpo più la vibrazione sonora, ma questa è di breve durata assai e più breve quanto più acuta. Quindi i colpi sono certamente le unioni **[16r]** di vibrazioni cortissime di piccola durata. Il suono percettibile arriva a 40.000 quaranta mila vibrazioni per secondo.

Il cronografo di Hipp[91] si mette in moto meglio di tutto col dare una grande velocità di rotazione alla rotina di scappamento: si regola al preciso valore collo spostare la manovella del cuscinetto.

8 maggio. Visita al casino di Detouche in campagna: ha un bel giardino, e un piccolo casino bijou, ma tutto microscopico. Vi fu buona compagnia ma perdei il treno delle 7 e dovetti arrivare assai tardi.

Masetti orologiaio di Bologna accomodò lo scappamento del P[adre] Embriaco.[92]

Il si[gno]r Conte De' Gori[93] mi dice che ho il premio di medaglia d'oro. Sarà?

---

90 Karl Rudolf Koenig (1832-1901), fisico e costruttore tedesco, specializzato in strumenti di acustica.

91 Matthäus Hipp (1813-1893), celebre costruttore di cronografi a cilindro che prendono il suo nome.

92 Il domenicano Giovan Battista Embriaco (1829-1903) aveva esposto un orologio ad acqua di sua invenzione (idrocronometro).

93 Il conte Augusto De Gori Pannilini (1820-1877), senatore del Regno d'Italia, era membro del comitato esecutivo italiano.

10 maggio. Si conferma il premio.

12 maggio.
Visita al lab[oratori]o di Deville dove mi si **[16v]** fanno vedere belle cose. La prima è la macchina pneumatica di Deleuil[94] che fa il vuoto a 2 millim[etri] senza fatica. Indi déjeuné chimico. La zuppa è di Liebig,[95] preparato chimico di tutto il sugo delle carni, venuto dai pampas di America, tutto è servito in vasi del laboratorio e prouvette per bicchieri, ampolle per bottiglie, ecc. Il caffè si prende in crogiuoli di porcellana con evaporatorii per piattini, e cannelli di vetro per cucchiarini.

Il laboratorio è la cosa più imponente che si possa desiderare, senza nessun lusso, ma tutto il necessario. Un gran numero di chiavi danno subito l'ossigeno, l'idrogeno, l'ac[ido] carbonico, il nitrogene, ecc. a piacere. Ci fece vedere i fenomeni curiosi di antosmosi di gas attraverso **[17r]** i tubi di porcellana degourdies,[96] e (*Dis. 5 con scritte*: ac[ido] c[arbonico], idr[ogeno], idrogeno). Si mette un tubo di porcellana entro un altro maggiore di vetro. Si fa passare dell'acido carbonico all'interno, e dell'idrogene all'esterno, e si ha all'uscita dall'interno dell'idrogene invece dell'acido carbonico. Questo a freddo. In un fornello, sostituendo alla porcellana l'acciaio, e al vetro esterno la porcellana refrattaria e facendo passare all'esterno idrogeno e all'interno nitrogene, si ha idrogeno all'esterno e il nitrogene è cacciato (?). Se poi si metta all'esterno solo idrogeno il gas si caccia con tanta furia dentro al tubo di acciaio che fa una pressione di circa 2 atmosfere!

Ci fece vedere la combustione del **[17v]** ferro col gas ossigeno e idrogeno in una capsula farsi colla massima facilità: in pochi minuti fuse e bruciò più di una libbra di ferro. Fece l'analisi della fiamma in modo ingegnoso. La fiamma dell'ossido di carbonio è più calda nell'interno che altrove, e questo si dimostra col filo di platino immerso che si fonde in una regione e non in un'altra. Si mette ora la fiamma sotto un tubo in cui corre l'acqua, ed è un piccolo buchetto a̲ (*Dis. 6 con scritte* a, m) che serve ad aspirare i gas. Secondo che il becchetto è in una o in un'altra regione si hanno gas più o meno dissociati, che non sono realmente **[18r]** combinati, ma solo dissociati, o che si combinano coll'accostarvi una fiamma. I gas usciti dal becco vi si raccolgono in tubi al modo ordinario. Ci fece vedere l'alcool tallico, e un'infinità di altri prodotti.

---

94 Jean-Adrien Deleuil (1825-1894) succedette al padre Louis Joseph (1795-1862) nella costruzione di strumenti scientifici a Parigi.

95 Justus von Liebig (1803-1873), celebre chimico, fondò l'omonima compagnia per commercializzare l'estratto di carne, di sua invenzione.

96 Porcellana dura, non smaltata.

Dis. 5.

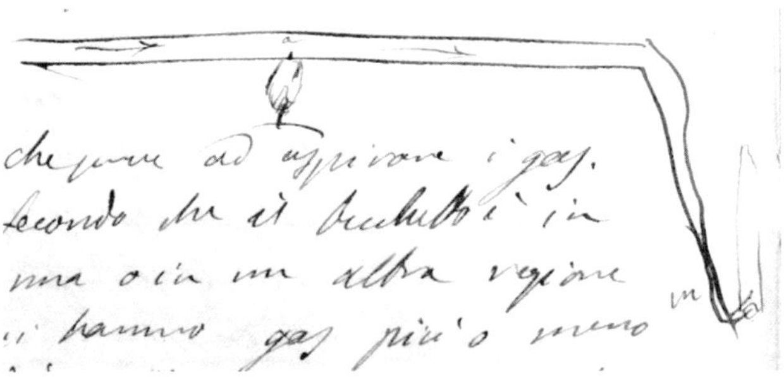

Dis. 6.

15 [maggio] Giornata variabile per ora, vedremo se vi è perturbazione magnetica.

Questi buffoni hanno voluto spacciare le medaglie che hanno ridotte a 200 franchi per darne 900.

16 [maggio]. Visitato il gran Pallone Le Géant di Nadar.[97] È una casa alzata in aria molto commoda tutta di vinchi: Nadar pare disperato, e cerca di am[m]azzarsi onoratamente. Uomo senza fede mi tenne certi discorsi strani. Non sa quando volerà, ma per la scienza non ci può cavar nulla.

[**18v**] 19 [maggio]. Visita a Versailles. Cose veramente superbe. Le cose Romane sono bambocciate e minuzie in confronto di questi fiumi, i quali hanno il solo inconveniente di non correr sempre. Il bagno di Latona, la colonnata, le cascate a scogliera, la grotta, Apollo che esce (o entra) nel mare, e soprattutto il Nettuno sono cose mirabili. In questa ala vi sono almeno 90 getti alti 10 metri, e uno almeno 30, e un subisso di piccoli. È una cosa impareggiabile. La pioggia non ha permesso illuminare tutto. È superbo. La scalea e il palazzo poi sono cose ammirabili. Ma si capisce [**19r**] che gente allevata a ste delizie non dovea né poteva badare agli affari e la monarchia doveva cascare.

---

97 Pseudonimo del celebre fotografo francese Gaspard-Félix Tournachon (1820-1910), pioniere dell'aeronautica.

Il Marchese di Caligny mi ha fatto da cicerone ed era oltre modo cortese, e bisognerà farlo commendatore!

21 [maggio]. Veduta la Biblioteca di S. Genoveffa, è grande poco più della Minerva, ma a due navate e non contiene certo più libri. Veduto il Museo di Cluny, è un vecchio convento pieno di avanzi rubati alle chiese e ai monasteri. Questi cimelii mostrano come i soli asili delle arti siano stati i monasteri, e come per gratitudine sono stati trattati dalla rivoluzione. La maggior parte di santi di pietra hanno la testa rotta! Del resto, vi è d'ogni roba fascio, buono poco, cattivo molto. Presto [**19v**] si farà altrettanto in Italia!

Visitato Fizeau[98] che mi lodò molto l'idea dello spostamento delle righe spettrali pel movimento, e mi mostrò che egli l'avea detta nel 1848. Bulletin de la Soc[iété] Philomatique. P[a]g[ina] 81.[99]

22 [maggio]. Biglietto di Elia de Beaumont col motto Lux facta est che vuol dire che il consiglio superiore ha già dato un gran premio al meteorografo, e al P[adre] Secchi pei suoi lavori astronomici.

23 [maggio]. Saputo dal Conte de Gori che non è definito nulla, ma solo che sarà preso in considerazione.

Lacuna senza interesse.

2 maggio *[ma giugno]*. Temporale e giornata di gran malessere nervoso in tutti. Pranzo dal Principe o marchese che era di Mortemart.[100] La concierge mi rinvia [**20r**] due volte, e infine dico che sono invitato, e allora mi diventa pallida come uno straccio e mi domanda scusa. O che buffoni di padroni che non avvisano i servitori. All'andare aspetto ½ ora al transito del viale degli Elisei perché vi è l'imperatore di Russia che torna dalle corse.

4 [giugno]. Visita all'Esposizione ove si espone lo Czar[101] che ha fatto colazione al Restaurant russo. Che sublime atto del Papa Russo! Ma è fiero e brusco e ha un aspetto méchant come dicono gli operai.

A sera si bolle il barometro che avea acqua dentro, e così si lascia il pranzo del Principe di Cröy Solre.[102] Con piacere, benché [**20v**] sia un buon

---

98 Hippolyte Fizeau (1819-1896), fisico francese.

99 H. Fizeau, *Acoustique et optique*, «Société Philomatique de Paris», Année 1848, pp. 81-83.

100 Potrebbe trattarsi di Henri de Rochechouart, marchese di Mortemart (1806-1885), ufficiale e uomo politico francese.

101 Si tratta dello zar Alexander II (1818-1881).

102 L'identificazione è dubbia; potrebbe trattarsi di Alfred Emanuel principe di Croÿ Solre (1842-1888).

diavolo. Così anche si lascia la conferenza della Commissione che mi avea trascinato pei fogli con mio dispiacere.[103]

6 [giugno]. Visita al Bois de Boulogne per la rivista. Scritto a Marchetti, vedi. La sera attentato al ritorno contro lo Czar[104] e l'imperatore francese, ma nulla di disgrazia e ferita solo una donna.

7 [giugno]. Serata al conservatorio d'arti e mestieri, cosa veramente splendida. Luce elettrica in tutti i modi: pile, macchine magnetiche, fari, ecc. Macchine di Holtz, di Bertsch.[105] Cronoscopi, cronografi – bijoux trouvé.

10 e 11 [giugno] caldo orribile. Sto male ma vi [?] [*frase incompleta*]

13 [giugno] A la apert[ur]a piove. Tutti sono stati mandati [*a casa*].

22 [giugno]. Da Deville, e veduto l'uso della macchina pneumatica a mercurio.

[21r] Bella festa del Corpus Domini a Rue des Postes. E gran pallone di M[onsieur] Nadar. V[edi] lettere.[106]

24 [giugno]. Visita al Cons[ervatori]o d'arti e mestieri per vedere i tipi delle misure e dei pesi. Sono stato accolto con ogni buona grazia e con vera simpatia. E Morin stesso è venuto a salutarmi.

25 [giugno]. Conferenza sui pesi e misure. Bel discorso di Tresca,[107] e varie particolarità sulla conservazione di campioni. Sul metro nessun dubbio, sul chilogrammo qualche incertezza per la dimensione del vaso a zero col massimo di densità. Ciò porta 0g, 00228 cioè 2¼ milligrammi errore e inferiore agli errori di confronto. **[21v-22r]** [*pagine bianche*]

---

103 Probabilmente Secchi allude al fatto che i giornali parlavano di lui come membro della commissione italiana, e non di quella pontificia; Capitelli, *L'archeologia cristiana al servizio di Pio IX* (cit. nota 51).

104 L'attentato fu compiuto per mano del rivoluzionario polacco Antoni Berezowski (1847-1916), in reazione alla repressione di numerose rivolte nazionaliste polacche.

105 Auguste Nicolas Adolphe Bertsch (1813-1871), più noto come esperto di microfotografia; l'identificazione è stata possibile grazie al necrologio segnalatomi dal compianto dott. Paolo Brenni («Bulletin de la Société d'encouragement pour l'industrie nationale», XVIII, 1871, pp. 255-256).

106 Riportate in G. Castellani, *L'Esposizione Universale del 1867. Dal "Giornale di viaggio" inedito del p. Angelo Secchi (1)*, «La Civiltà Cattolica», IV, 1942, pp. 33-43: 42-43.

107 Henri Tresca (1814-1885), ingegnere meccanico cui si deve l'omonimo criterio di resistenza dei materiali duttili. Professore al Conservatoire, fu uno dei promotori della Conferenza internazionale per la definizione del metro standard, che si riunì a Parigi nel 1870 e 1872, e di cui fece parte lo stesso Secchi (vedi più avanti).

[**22v**] Primo luglio. Oggi gran Giornata. Premio Grande all'esposizione e decorazione di officiale della Legion d'Onore, accolto con applausi dal pubblico e con affettuosa simpatia da tutti i premiati. Vero trionfo della scienza. Se anche non ci fosse altro, sarebbe già molto. Ma forse vi sarà ancora qualche cosa. Un buon francese mi diceva – di cuore – Oh quanto v'invidio, voi officiale senza nemmeno passare pel grado di cavaliere. Un altro ha fatto questo bell'epigramma, avendogli io detto che io non sapeva nulla dianzi. [**23r**] Comment? Vous recevez la decoration comme astronome et vous n'avez pas vu cette étoile avant dans le ciel? Pardonnez-moi, ce n'est pas digne d'un astronome [!]

Insomma, è stato un trionfo: viva la religione e l'abito che oggi è stato coronato più che mè stesso.

La gran galà rappresentava un circo in piccolo e conteneva 16 000 persone invitate. Quanto sarà stato superbo il Colosseo di Roma!

10 [luglio]. feste sopra feste. A Vaugirard [108] grande pranzo. Applausi alla rosetta.[109] La mattina al déjeuner da [Bongiovanni?] e poi a visitare il Vescovo [110] che mi ha ricevuto benissimo.

9 [luglio]. Andato da Leverrier per prestargli la nebulosa [111] e trovatolo in grandi feste, gliela lascio alla porta. Si balla, [**23v**] si canta, si mangia, ecco la buona gastronomia all'Oss[ervatori]o Imperiale: nessuno degli astronomi addetti è mai invitato, non dico degli antichi.

19 [luglio]. Visita a Mons[ignor] Bonaparte,[112] è un angioletto.

20 [luglio]. Visita al telegrafo a tubo aereo che caccia i dispacci. Vi sono 3 caldaie, da una coll'empirsi di acqua si caccia l'aria nelle altre due che si comprime a 70 cm e il tubo riceve lo stantuffo colle borsette di latta in cui sono i dispacci.

25 [luglio]. Ricevuti i 5000 franchi del premio ma dopo la sporca storia che questi signori non ne hanno dato avviso come se non fossero da pagare

---

108 A Rue de Vaugirard vi era il Collegio dei gesuiti dove Secchi era solito alloggiare durante i suoi soggiorni parigini; si tratta con ogni probabilità dell'attuale Ancien Collège de l'Immaculée Conception, oggi monumento storico.

109 Nomignolo con cui era indicata la decorazione della Légion d'Honneur.

110 Georges Darboy (1813-1871), noto per le sue posizioni filo-imperiali, fu in seguito arrestato e fucilato come ostaggio durante la Comune.

111 Si tratta del disegno della nebulosa di Orione, realizzato qualche anno prima sulla base delle osservazioni effettuate all'Osservatorio del Collegio Romano.

112 Lucien-Louis-Joseph-Napoléon Bonapa (1828-1895), cugino dell'Imperatore Napoleone III, era vicario parrocchiale a Roma, ma si trovava spesso a Parigi per visitare la famiglia; noto per la sua umiltà e religiosità, nel 1868 ricevette la berretta cardinalizia.

[**24r**] e quasi sperando che i premiati non li domandassero. È una porcheria atroce delle tante che fanno questi bagarini: quella di Jacobi, credo che è anche più sporca.[113] Dicevano che non vi erano fondi. E infine che venga e ci accomoderemo. Come? Ci accomoderemo? Ma non è giustizia? Io non so se avessi avuto da avere 10mila ma ad ogni modo mi contento de' 5mila per non fare pettegolezzi e sarà sempre una infamia di avere agito così.

Questa sera nel [*giornale*] Figaro [*vi*] era una feroce invettiva contro Leplay [114] per simili altre porcherie di questo genere, che non trova la via di pagare, e temo vi sarà di peggio ancora.

[**24v**] 31 [luglio]. Festa di S[an]t. Ignazio a Vaugirard. I piccoli fanno gli esercizi di marcia sui trampani, poi l'esercizio della lancia in modo realmente ammirabile. Sono soldati nati. Ieri ebbi la visita di Jacobi tutto dolente per non avere che anch'esso 5000 franchi, sicché non sto peggio degli altri. Siamo, gli dissero, sotto l'impressione dell'eguaglianza! – meno male, ma si poteva fare l'eguaglianza alzando e non abbassando.

Agosto 1867

2 [agosto]. Viaggio in Inghilterra, con tempo pessimo si fa la traversata. Ma tutto va bene. Il dì seguente 3 [agosto] si va a Stonyhurst [115] dove sono ricevuto con somma *[frase interrotta]*

[**25r**] Il Collegio di Stonyhurst è una delle istituzioni più belle e commode che io abbia veduto. Situato in mezzo ad una isolata campagna in un antico castello della famiglia Sherburn [116] poscia acquistato dai Weld [117] e quindi dai Gesuiti; è stato ora ingrandito da questi in modo che è capace di contenere da 250 a 300 convittori. Esso ha tutto quello che può servire alla educazione scientifica e religiosa e allo sviluppo materiale e intellettuale della gioventù per la loro salute ed istruzione. Esso ha un gabinetto di fisica assai ben fornito, un bel laboratorio di chimica con tutti i commodi immaginabili per l'insegnamento e per lo studio. Hanno un museo ed una

---

113 A Jacobi era stato assegnato un premio da diecimila franchi, ma ne vennero pagati la metà.

114 Frédéric Le Play (1806-1882), ingegnere e uomo politico, era direttore della Commissione imperiale per l'organizzazione dell'Esposizione.

115 Il Collegio gesuitico di Stonyhurst era stato il primo asilo di Secchi durante l'esilio volontario del 1848; Chinnici, *Decoding the Stars* (cit. nota 19), pp. 26-33. Era dotato di un pregevole osservatorio astronomico.

116 L'ultima erede, Maria Howard Shireburn o Sherburn (ca. 1693-1754), Duchessa di Norfolk, non ebbe discendenti, e i suoi beni furono ereditati dal cugino Edward Weld (?-1761).

117 Il figlio di Edward, Thomas Weld (1750-1810) fu un noto filantropo e benefattore della Chiesa Cattolica in Inghilterra, e in particolare della Compagnia di Gesù.

biblioteca ricca di manoscritti, e una buona collezione di medaglie e di minerali e di oggetti curiosi.

[Hanno] Un magnifico osservatorio astronomico con un equatoriale di 8 pollici e un circolo meridiano, fabbricato [**25v**] recentemente. Un altro osservatorio di costruzione più antica è stato ridotto a osservatorio meteorologico e magnetico.

Gli strumenti sono tutti registranti col metodo della fotografia, il che se li rende dispendiosi ha però il vantaggio di una precisione ammirabile e di una continuata osservazione senza interruzione di sorta alcuna. Il governo inglese ha dato per gli strumenti 225 lire sterline ed essi si sono obbligati a fare le osservazioni, ma il costo loro è stato di 340 lire. Però colla fabbrica e col nuovo osservatorio che han dovuto fabbricare, non hanno speso certamente meno [*di*] 1500 lire sterline. Il movimento di danaro in questo stabilimento è circa [**26r**] di 5000 lire sterline al mese.

Accanto al collegio è una magnifica chiesa di bello stile gotico, un fabbricato a parte per l'infermeria, un altro per la cucina e la biancheria, un altro per le stalle, un altro pel mulino, un altro pel gas, e per la farm. Ha come succursali due altre case vicine, una per lo studentato dei gesuiti, un altro pei piccolini che non si mescolano ancora ai più grandicelli del collegio.

Profittando delle vaste tenute per cui passa un fiume a distanza di circa 1 miglio dalla casa, hanno stabilito un bel luogo per nuotare, in altro sito hanno un vasto campo per l'esercizio del giuoco del cricket del quale sono tanto appassionati gli inglesi, per l'inverno onde [**26v**] sdrucciolare sul ghiaccio hanno vicino alla casa un paio di laghetti che alimentano il mulino, e che agghiacciati servono a quel divertimento tanto ricercato.

La sola cosa un poco incommoda è che dista troppo dalla strada ferrata, e che il clima è un poco piovoso, ma hanno trovato modo di rimediare a ciò col fare delle vaste corti coperte ove giocano i giovani e sono liberi di andarvi nelle ore di ricreazione quando il tempo non permette di stare nei cortili.

Alla fine dell'anno si fa una ricca distribuzione di premii molti dei quali sono di 20, 10 e 5 lire sterline oltre le medaglie d'oro di 10, 5 ed argento di 3 e 4 sterline, e coi minori premi porta in circa 300 lire.

[**27r**] 6 [agosto] Londra. Si arriva (partito da Stonyhurst a 7 ore ½) a 7h la sera. Alloggio a Hill Street.[118]

---

118 È possibile che si tratti di locali allora connessi alla comunità gesuitica reggente la vicina chiesa dell'Immacolata Concezione, su Farm Street.

Viaggio col noiosissimo dottor Bayern[119] che è sempre dogmatico in tutto e colla chiaroveggenza la più assoluta.

7 [agosto]. Visite a Baker,[120] Dallmeyer,[121] De la Rue non trovato, a Dent[122] e altri, e infine a sera da Casella[123] che mi fa molte gentilezze [*e*] che sta al club marinaro de' vecchi. Pranzo da [Momms? Monroy?]

8 [agosto]. Visita a De la Rue che ci accompagna da Browning[124] (Minories 111) per vedere il suo spettroscopio; poi da Beck et Beck,[125] e da Huggins[126] dove trovo una gentilissima accoglienza. I suoi apparati sono fabbricati da lui stesso in gran parte con pezzi di legno accozzati come faccio io a un dipresso. Ha un bell'osservatorio, [**27v**] con cielo mobile di circa 4 metri e un equatoriale ove ora vien sostituendo un telescopio al refrattore. Ha due buoni apparati spettroscopici, ma che non sono punto straordinari all'esterno ma ottimi all'interno. Ha un bel circoletto meridiano, e uno spettroscopio di 6 prismi fatto con pezzi da sé e con archi vecchi da sestante. Lavora da sé i suoi specchi ed è molto ingegnoso.

È molto semplice ed ha molta bonomia e gentilezza veramente rara, mi ha dato tutti gli indirizzi che gli ho domandato.

Il cap[itano] Tapman[127] che va al Sud non è spedito da lui per studiare gli spettri. Huggins è vero birraio, ma assai modesto e istruito.

[**28r**] 10 luglio [*annotazione soprastante, di mano ignota:*] agosto. Visita a Greenwich, ottima accoglienza da Stone,[128] e Glaisher.[129] L'Equatoriale

---

119 Potrebbe trattarsi del chimico tedesco Adolf von Baeyer (1835-1917) o dell'imprenditore Friedrich Bayer (1825-1880) o di altro personaggio non meglio identificato.

120 Si tratta presumibilmente di Charles Baker (1820-1894), noto costruttore londinese di microscopi e accessori ottici.

121 John Henry Dallmeyer (1830-1893), costruttore di strumenti ottici, telescopi e lenti fotografiche, con sede a Londra.

122 Celebre ditta di orologiai londinesi (a loro si deve il Big Ben), fondata da Edward John Dent (1790-1853) e poi rilevata dai suoi successori.

123 Louis Pascal Casella (1812-1897), costruttore di strumenti di precisione (barometri, termometri, ecc.).

124 John Browning (ca. 1831-1925), noto costruttore di spettroscopi londinese.

125 I fratelli Richard (1827-1866) e Joseph Beck (1829-1891) avevano una ditta di strumenti ottici.

126 William Huggins (1824-1910) è considerato uno dei pionieri della moderna spettroscopia astronomica; la bonaria descrizione che qui Secchi ne fa, contrasta molto con l'atteggiamento ostile che Huggins mostrerà nei suoi confronti, probabilmente ascrivibile all'influenza della moglie Margaret (1848-1915); Chinnici, *Decoding the stars* (cit. nota 19), p. 296.

127 George Lyon Tupman (1838-1922), capitano della Marina inglese, ebbe uno spiccato interesse per l'astronomia e partecipò a numerose spedizioni scientifiche.

128 Edward James Stone (1831-1897), dal 1860 al 1870 astronomo presso il Royal Greenwich Observatory.

fu visitato minutamente ed è un pezzo di strana architettura astronomica. Non manca nulla perché si possa attaccare l'astronomo all'oculare. Però non hanno ottenuto di fidarsi fino ad avere delle posizioni assolute, e solo si servono de' circoli per cercare. È molto brutto, ma commodo quanto può essere questo negozio. La lettura della declinazione però è incommoda assai. L'obiettivo è molto appannato. L'orologio motore è una bobina della forza di ½ cavallo almeno ma il regolatore poco mi piace poiché deve far muovere una paletta nell'acqua, il che certo non è buon sistema. [**28v**] Al meridiano non vi è di nuovo nessun'altra cosa importante tranne i collimatori. Vedi il portafoglio [130] per il meccanismo dell'elettricità messo all'orologio, di cui però si lagnano che non cammina bene: quindi sarebbe questo un affare serio, se fosse colpa dell'elettricità.

Nel magnetismo terrestre vi è la grande innovazione dei galvanometri fotografici, i quali fanno vedere le perturbazioni delle linee in perfetto accordo colle perturbazioni de' magneti. Esse sono contemporanee, ma non assolutamente identiche, evidentemente perché le sbarre sentono l'azione di una superficie più vasta che le lastre e i fili.

Al ritorno [*vado*] da Sabine [131] e, non trovato, a visitare *[la cattedrale di]* Westminster [**29r**] e il sepolcro di Newton [132] nel transept. È bella la chiesa ma negletta e guasta dai monumenti.

Appresso, al Museo di *[South]* Kensington, dove non vi è nulla di veramente interessante.

11 [agosto]. Domenica. Da Wheatstone, ma essendo festa non si può veder nulla de' suoi lavori e si prende l'appuntamento per Mercol[e]dì.

12 [agosto]. Da Herschel.[133] Sta lontano da Londra 3 ore di lenta strada ferrata, in un bel giardino in un paesetto detto Hawkhurst. L'ho trovato al breakfast e mi ha ricevuto con un tale entusiasmo e affezione che gli ha eccitato un non breve insulto di catarro per l'emozione. <u>This is a falling star</u>

---

129 James Glaisher (1809-1903) era in quegli anni responsabile della sezione Meteorologia e Magnetismo dell'Osservatorio di Greenwich, nonché presidente della Royal Meteorological Society.

130 Evidentemente, Secchi si riferisce ad un disegno conservato nel portafoglio, andato disperso.

131 Sir Edward Sabine (1788-1883), esperto di geomagnetismo, era allora presidente della Royal Society. Fu Sabine a notare la correlazione tra il ciclo delle macchie solari e quello delle variazioni geomagnetiche.

132 La tomba di Isaac Newton (1642-1726) è tuttora una delle attrazioni della visita alla cattedrale di Westminster.

133 John Frederick William Herschel (1792-1871), astronomo e pioniere della fotografia, era figlio del famoso astronomo William (1738-1822).

ha detto con aria amabilissima e immediatamente mi ha dato un piccolo déjeuné. Quindi siamo andati nel salotto, ove abbiamo confrontato *[le immagini del]*la nebulosa di Orione di **[29v]** Lord Rosse[134] con quella del Coll[egio] Romano, e la sua. Quella di Lord Rosse sembra una mappa di una città, tanto è tagliente il contorno de' pezzi, specialmente al centro. (Io non la credo affatto precisa, ma bisogna mostrare di crederla tale, come fanno essi).

Abbiamo anche confrontato la 1ª di H[erschel] e le altre e siam arrivati alla conclusione che qualche cosa è cambiato. Il Sinus gentilii di H[erschel] è in un disegno a mano più vicino al mio che in quello che ha servito per la incisione. Sulla grande nebulosa di η Argo vi sono certo de' cambiamenti, e la stella ζ che era nella nebbia ora è nel nero, e il violone è ora un canale aperto. Siamo quindi andati a vedere il suo giardino **[30r]** e abbiamo fra le altre cose parlato della pretesa scoperta di Pascal[135] e delle sue lettere, a cui nessuno pare che creda – qui, più che a Parigi. Adesso Herschel è molto indebolito di forze, ma conserva la sua memoria limpida e una lucidità di idee non comune. Mi disse che il fatto curioso delle pietre meteoriche dovea esser conosciuto dagli antichi, e che è questo forse ciò che diede origine alla favola di cui parla Omero che Giove attaccò due incudini ai piedi di Giunone, per tenerla a dovere e in punizione de' suoi capricci, e che poi gettò giù dal cielo le due incudini. Ora la parola greca significa solo massa di ferro come una incudine.

Adesso egli è tutto nella letteratura. Mi ha dato una elegia latina che è una traduzione di Schiller *[Friedrich Schiller (1759-1805), poeta]*. A 75 anni è curioso studiare e far versi: **[30v]** questo mostra un uomo di forte mente ma affralito. Mi regalò una delle sue grandi fotografie e voleva tenermi suo alla sera, ma gli promisi che sarei tornato se avessi potuto, e me ne ritornai dopo 3 ore passate come un lampo. Ha tre figlie in casa, una delle quali è maritata, delle altre, una è fuori, e l'altra è morta lasciando 2 bambini.

Mi mostrò delle belle fotografie fatte col carbone, e la sera seppi a pranzo da De la Rue che esse si fanno da Swan[136] a Norfolk ma [?] e che sono fatte mediante un composto di gelatina, acido cromico, e nero di carbone (negrofumo?), che la luce rende solubili le parti della composizione su cui ha agito senza far vedere nulla, ma che **[31r]** lavandole, le parti illuminate diventano bianche, e le altre ritengono il loro carbone. È una cosa curiosa

---

134 William Parsons (1800-1867), conte di Rosse, noto come Lord Rosse, era celebre per le sue osservazioni di oggetti nebulosi, eseguite con un gigantesco telescopio riflettore di sua fabbricazione (detto il Leviatano) presso il suo osservatorio privato a Birr Castle, in Irlanda.

135 Secchi si riferisce alla presunta scoperta di lettere di Pascal che anticipavano la gravitazione universale, rivelatesi poi false; CHINNICI, *Decoding the Stars* (cit. nota 19), pp. 276-278.

136 Si tratta di Joseph Swan (1796-1872), noto chimico, incisore e stampatore, con sede a Glasgow, che sviluppò particolari tecniche di stampa fotografica al carbonio.

assai e le foto positive così ottenute dalle negative ordinarie sono più belle delle più belle incisioni in acciaio. Finora è difficile ed esige certa pratica per tirarle, e come non si vede nulla dell'azione fatta prima di lavarla, bisogna regolarsi con un pezzo di carta fotografica ordinaria. Di più ci vuole un certo cilindro per stendervi sopra la materia nera e un certo outillage. Ma certo pare che la fotografia a carbone è scialba e il curioso è che non vi è bisogno di fissare nulla. Però mi pare che se queste prove essendo esposte alla luce cadono nell'acqua saranno guastate! Ad ogni modo si vede che la soluzione del problema non è lontana.

[**31v**] 13 [agosto]. Visita a Kew [137] poi a Roehampton al nostro noviziato. A Kew poco di nuovo. Le osservazioni vanno avanti ma non le riducono, e avendo domandato i minimi barometrici al Soprintendente Stewart,[138] si è veduto imbarazzato perché porta un gran lavoro. Malgrado la sua ideale superiorità la fotografia per gli strumenti meteorologici è lungi dallo sbancare il lapis. Credo che il meteorografo non sarà inutile anche colla fotografia.

14 [agosto]. Visita a Wheatstone e alla sua macchina sidero induttiva,[139] fenomeni curiosi dell'arco derivato nel cross wire, per me però sono assai semplici.

15 [agosto]. Visita allo strumento di Stonyhurst, e all'Arcivescovo [**32r**] Manning [140] che parla de' Gesuiti in un modo straordinario e cordiale.

16 [agosto]. Visita al Museo Britannico da me solo, ma ho veduto bene tutto.

17 [agosto] Altra visita al Museo con Panizzi [141] e Birch.[142] Codici vari della bibbia, e l'aureus [143] ecc. Ma la cosa più singolare sono le tavolette ta-

---

137 A Kew si trovava un noto osservatorio geomagnetico, dove si studiavano le interazioni Sole-Terra.

138 Balfour Stewart (1828-1887) era responsabile del servizio meteorologico all'osservatorio geomagnetico di Kew.

139 Si tratta di un generatore dinamoelettrico eccitato dal magnetismo residuo del ferro, uno dei primi esempi di generatori autoeccitanti (vedi https://www.fstfirenze.it/macchina-dinamoelettrica-di-wheatstone/, accesso il 10-11-2020).

140 Henry Edward Manning (1808-1892) era in carica come Arcivescovo di Westminster dal 1865.

141 Antonio Genesio Maria Panizzi (1797-1879), conterraneo di Secchi, dal 1856 al 1866 era stato direttore della Biblioteca del British Museum, facendone la più grande biblioteca dell'epoca.

142 Samuel Birch (1813-1885), noto egittologo, era allora Keeper of Oriental Antiquities al British Museum.

143 Una copertina in avorio intagliato del Codex aureus (celebre vangelo miniato dell'e-

blets di Ninive di terracotta. Queste sono un vero archivio trovato a Ninive, e ne hanno molte migliaia. Vi sono di quelle che paiono dizionarii a doppia lingua.

Ieri fui dal Principe di Galles[144] a cui fui introdotto da Pentland.[145] Mi ricevette benissimo e ricordò la visita fatta a Roma e che mi avea veduto all'esposizione [*di Parigi*]. Si parlò di Fitzroi[146] e di altri studi meteorologici e di cose di arte nella città.

[**32v**] 18 [agosto] Lunedì. Visita a Cambridge dietro invito avuto dal R[everendo] M[iste]r Charles Pritchard[147] presidente della Soc[ietà] Astronomica[148] e Direttore del Collegio di S[ain]t John.[149] Mi accolse con molta cordialità, e siccome io avea poco tempo, così mi condusse a vedere subito diversi dei principali collegi, King's College, Trinity College, e S[ain]t John's College. Sono tutti stabilimenti magnifici con grandi locali per l'abitazione dei 500 studenti, e pei professori, parchi, cortili, ecc. Le collezioni sono diverse nei varii collegi e abbracciano tutte le scienze, anche le mediche. Vi è un corpo esaminativo che costituisce l'Università. Ora sono nelle vacanze, e non è facile riunirli, però si trovarono in città Miller,[150] Cayley,[151] Adams;[152] il primo [**33r**] è un distinto mineralogista e molto istruito nella storia e stato della scienza. È piccoletto, di piccola dimensione, ma con due occhi vivacissimi; ci fece vedere un orologio che cammina colla capillarità, mediante una goccia presa da un recipiente mantenuto a livello costante

---

poca carolingia) si trovava all'epoca esposta al British Museum; fu poi trasferita al Victoria and Albert Museum.

144 Il futuro re Edoardo VII (1841-1910).

145 Joseph Barclay Pentland (1797-1873), naturalista irlandese; residente a Roma dal 1845, e divenuto esperto di antichità romane, aveva fatto da guida al principe di Galles nelle sue visite alla città.

146 Il viceammiraglio Robert Fitz Roy (1805-1865) era stato un pioniere del servizio meteorologico in Inghilterra, noto anche per aver capitanato il HMS Beagle durante il suo celebre viaggio.

147 Charles Pritchard (1808-1893), all'epoca presidente della Royal Astronomical Society, nel 1870 diverrà professore di astronomia all'Università di Oxford, dirigendone l'annesso osservatorio.

148 Si tratta della Royal Astronomical Society (vedi nota precedente).

149 Celebre college dell'Università di Cambridge, frequentato da grandi personalità scientifiche ed ecclesiastiche.

150 Si tratta del fisico e mineralogista William Hallowes Miller (1801-1880), noto per gli omonimi indici in cristallografia.

151 Arthur Cayley (1821-1895), illustre matematico cui si devono diversi teoremi di algebra.

152 John Couch Adams (1819-1892), astronomo inglese noto per aver predetto matematicamente l'esistenza di Nettuno, in concomitanza con Leverrier.

mediante una bottiglia (*Dis. 7 con scritte*: sospensione, molla, braccio, pendolo, b, i, p, f).

b, bottiglia

i, imbuto per il livello cost[ante] con tappo interno per la goccia sempre [mancante?]

p, punta che, oscillando su e giù per l'oscillazione del pendolo, va a toccare la goccia g e la prende, e la scarica sull'altra punta inferiore f, donde si scarica cadendo. La forma è importante e il pezzo f deve esser in fondo fine assai per scaricare le gocce facilmente.

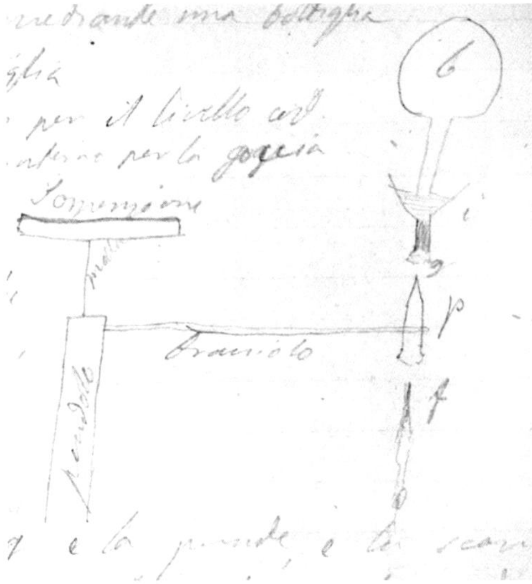

Dis. 7.

[**33v**] Ci fece vedere ancora un curioso Eliotropo,[153] formato semplicemente con una lastra di grosso vetro da specchio stagnata, lavorato ad angolo retto in uno dei vertici, e colle facce del[l'] angolo triedro ancor esse ben perpendicolari fra di loro e alla terza anteriore non stagnata (*Dis. 8, con lettera* a). Sia a questo angoletto, si dirige al sole lo specchio e si prenda per di dietro nell'angoletto a da cui lo stagno è levato, e si vede l'imagine del sole riflessa che è parallela all'imagine riflessa dalla faccia anteriore. Così si videro gli occhi di un gatto esser verdi dalla tinta dell'acqua marina.

Dis. 8.

Ci mostrò un elioscopio[154] a doppio specchio polare, e proprio come aveva progettato io ed ora si usa dai fotografi. [**34r**] Insomma mi parve

[153] Strumento a specchi per riflettere i raggi solari a grande distanza.

[154] Strumento per osservare la fotosfera solare e le macchie solari.

un romito che è tutto nei suoi lavori di cristallografia con tutti i suoi comoducci, e si fa da sé gli strumenti col sughero e col legno, con molta semplicità.

Cayley è anche più semplice, è un sommo matematico, ma di nessuno esteriore, faccetta piccola rotonda, colore gialetto, naso pizzuto e mento aguzzo, occhi vivi. Molta scienza nell'arte del calcolo, ma non grande abilità nella scienza fisica. Ci accolse assai bene, e la signora stessa discese a vedermi e salutarmi.

Adams è più disinvolto, ma ancor esso assai buono, e semplice. L'osservatorio è ben montato, Circolo [?] Meridiano di Troughton,[155] strumenti de' passaggi e Grande equatoriale di 14 pollici inglesi di costruzione come quello di Greenwich fatto già da Airy[156] ma in legno. Vedemmo il sole, e le granulazioni al principio, e poi non più. Al solito. Alla sera vi fu pranzo a S[ain]t John's College da [**34v**] Pritchard e si chiaccherò molto delle lettere di Pascal e Newton e si concluse che il consiglio di mandare Newton a Cambridge non poteva esser dato da Pascal, perché allora non era conosciuto Cambridge per gli studi matematici, e Barrow[157] fu il primo maestro, e Newton uno dei primi scolari. Poi si mosse una discussione sulla definizione di Euclide[158] delle proporzioni, molto noiosa onde io dormii, e infine ricominciarono a parlare di Newton e Adams disse esser falso ciò che si dice di ordinario che Newton non ottenesse pel met[od]o del passaggio lunare che la metà del vero suo valore, perché in quel luogo esso propriamente non parla della luna, ma fa un caso ideale solamente contemplando una delle componenti [disturbative?].

[**35r**] Infine questi bravi uomini hanno poca importanza e molta scienza e sono in ciò ben lontani dal sussiego tedesco e dalla riserva Francese. Conoscono però un po' poco le cose del continente e sono troppo romiti: ma senza ciò non farebbero forse nulla.

Peccato che il povero Adams ha un difetto nel parlare, che manda tutti gli s (es) pel naso, onde riesce difficile capirlo e anche fa pena.

21 [agosto] Pranzo da Panizzi che è un gran framassone, ma che m'usò ogni cortesia.

---

155 Edward Troughton (1756-1835), noto costruttore londinese di strumenti astronomici.

156 George Biddell Airy (1801-1892) era Astronomer Royal presso l'Osservatorio di Greenwich.

157 Isaac Barrow (1630-1677) fu uno dei fondatori del calcolo infinitesimale, ed ebbe Newton tra i suoi studenti.

158 Noto matematico greco del III secolo a.C., conosciuto per i suoi *Elementi* di geometria.

22 [agosto]. Viaggio da Londra a Parigi: la mattina con 3 italiani, uno de' quali è un furioso rivoluzionario, ma che l'ho costretto a tacere, e nel resto del viaggio sparì.[159]

23 [agosto]. Visita al meteorografo a Parigi, ora tutto è in ottima regola.

[**35v**] 29 Ag[ost]o 10½ pom[eridiane]. Vengo da un buon pranzetto di M[onsieur] Chasles[160] che ci ha mostrato le famose lettere di Pascal a Newton. Io credo che la questione non è sì facile, presa in massa, ma presa in dettaglio è una corbelleria.

Io credo che le lettere di Pascal su molti punti sono vere ma bisogna vedere se [*vi*] si tratta dell'attrazione *[gravitazionale]* – anche quelle di Ja[c]queline[161] sono vere, ma il loro inchiostro è sbiadito, e mi pare assai diverso da quello di Newton, e da quello che ho veduto all'Institut [*de France*] e che M[onsieur] Roulin[162] disse 18 mesi vecchio.

Più, delle lettere di Newton molte sono affatto nere, [**36r**] altre in ottimo francese, come diavolo a 11 anni nel 1654 è possibile questo? Poi DUE lettere, una del 1654 settembre, l'altra del 1655 gennaio scritte da Newton nel medesimo mezzo foglio di carta col fior di giglio spaccato in modo che combinano perfettamente quando sono sovrapposti. Sicché lo stesso mezzo foglio spaccato in due dovette stare sulla tavola di Newton 4 mesi e servire a una 2ª lettera. Credat Judeus Apella non Ego. Più, Newton si accusa di essersi sbagliato a supporre il miglio inglese di 60 al grado e promette rifare i calcoli. Questo è troppo. E le carte sempre col giglio! Ma gli inglesi allora non facevano carta a casa loro? [**36v**] Più! Tutte le lettere sono come se andassero destinate ad un enveloppe. Erano allora in uso? Si dice di sì: ne dubito. Più. Vi sono altre con apertura come se Newton scrivesse a Pascal in pezzi di carta ove avesse dovuto cancellare qualche cosa al luogo della segnatura e presso delle sottoscrizioni. Quidquid sit delle lettere di Ja[c]queline, delle firme, ecc. credo che sia da bestia credere che Newton di 11 anni poteva sostenere tale corrispondenza con Pascal sul serio e scrivere in carta francese.

Erano a pranzo Brioschi,[163] Padula[164] e Deluca.[165]

---

159 Il dettaglio dell'episodio è riportato in APUG, Fondo Angelo Secchi, 3.IX.

160 Michel Chasles (1793-1880), matematico francese, aveva acquistato le presunte lettere di Pascal e Newton (vedi nota 135).

161 Si tratta delle lettere di Pascal alla sorella Jacqueline (1625-1661).

162 François Désiré Roulin (1796-1874) era bibliotecario all'Institut de France.

163 Francesco Brioschi (1824-1897), matematico e uomo politico, senatore del Regno d'Italia.

164 Fortunato Padula (1816-1881), docente di meccanica razionale e rettore dell'Università di Napoli dal 1867 al 1869, senatore dal 1870.

165 Francesco De Luca (1811-1875) era Deputato del Regno d'Italia ed esponente di spicco della massoneria italiana.

[**37r**] A[d]dì 11 [settembre]. Vi è nuovo invito da Chasles per esaminare i manoscritti. La conclusione è difficile. Ecco quanto può dirsi. Tutti gli scritti segnati Pascal sono della stessa mano. Forse quelli diretti a Gassendi[166] sono più piccoli ma può spiegarsi coll'età diversa. Questa scrittura però non è quella dei pensées perché è troppo larga, ma può essere che stando esso allora malato scrivesse male. Quelle di Newton mi sono sempre dubbie, sia per lo stile sia per l'inchiostro troppo nere. Non potersi trovare le due famose lettere del mezzo foglio, e certo non mi sono illuso, e fu Balard[167] che mi fece fare l'osservazione. Che Chasles le abbia sottratte? Bienaymé[168] mi fece osservare che vi erano due lettere a Descartes in data [**37v**] anteriore a quella della visita di Descartes a Pascal (o viceversa), e che nella lettera di Ja[c]queline ove è ricordata questa visita, si dice che la visita la voleva fare per la celebrità in cui avea udito dire che era. Dunque non aveano avuto dianzi nessuna relazione. Come dunque le lettere?

La scrittura dei pensées è certamente differente. Ma d'altronde in queste lettere (tutte di una mano) vi sono cose matematiche, fisiche, ascetiche, aritmetiche, teologiche, commentari di Tom[maso] da Kempis,[169] cose e dubbi di coscienza, preghiere, tutte cose ben d'accordo col genio di Pascal, e che bisognerebbe supporre fabbricate con molta industria, o copiate dai suoi scritti. È curioso [**38r**] un manoscritto di 100 foglietti numerati, in cui non è che un periodo per foglietto. Si vede che era una testa ben gloriosa costui. D'altra parte Newton fu chiamato a casa per badare agli affari [*all'età*] di 10 anni, è senza dubbio un fatto curioso.

A Ginevra ho veduto una lettera di Newton affatto autentica e che mostra uno stile epistolare bene in regola, ma in latino e tutta diversa in carattere da quelle di Chasles. Gli e sono ε epsilon per la massima parte e T sono t col taglio in fondo all'uso inglese. Se questa è di Newton le altre sono fabbricate.

Per la storia delle altre cose di Ginevra e Berna, v[edi] il giornaletto di viaggio.[170] Cose importanti sull'apparato di Delarive come fotometro – e

---

166 Pierre Gassendi (1792-1655), matematico, astronomo e filosofo francese.

167 Antoine Jérôme Balard (1802-1876), chimico francese; a lui si deve la scoperta del bromo nel 1826.

168 Irénée-Jules Bienaymé (1796-1878), matematico francese, studioso di statistica.

169 Tommaso da Kempis (ca. 1380-1471), monaco e mistico tedesco, presunto autore del celebre trattato *De imitatione Christi*.

170 Si tratta di un taccuino (APUG, Fondo Secchi, 26B.4) con appunti sparsi, da cui si deduce che il 15/09 Secchi è a Lione, dove incontra Ch. Blondeau, professore di fisica a Laval (Mayenne); il 17/09 è a Ginevra, dove va a visitare l'astronomo Alfred Gautier (1793-1881), il fisico De la Rive ed il chimico Jacques-Louis Soret (1827-1890); esamina inoltre alcune lettere di

di Plantamour[171] per la telegrafia elettrica. Merita [**38v**] attenzione, ciò che mi ha detto intorno all'equazione personale, che cioè ancor esso ha trovato difficoltà a determinarla in un altro osservatorio. Più che i fili devono esser assai vicini e a gruppi. Macchina per determinare la parallasse delle due penne, pel resto v[edi] libretto.[172]

20 7bre *[= settembre]*. A Berna pure vedi libretto.

Le cose più importanti sono la ciarlataneria di Radau[173] che dice essere registrato, nel meteorografo di Wild[174] l'igrometro a capello, che manca affatto, e se si usa il capello a Berna, esso si gradua al psicrometro. All'orologio vi è lo scappamento elettrico di ... coi due meccanismi sui quali ho poca fede. Del resto l'oss[ervatori]o è piccolo e miserabile. Gli strumenti grafici [**39r**] esigono 20 giorni di riduzione per un mese, e poi che si ha? Cifre e non altro. L'università ha un gabinetto assai meschino con alcuni strumenti d'uso poco più che del professore Wild che fa esperienze nell'assorbimento dell'aria per la luce ecc.

21 [settembre]. Visita ai Ghiacciai. Questo è un viaggio romantico. Si fa da prima al Lauterbrunner[175] (fontane chiare) dove si arriva a una gola magnifica per gli echi ripetuti che un villano con un corno fa sentire ai forestieri. Vi è più in là uno col cannoncino per lo stesso effetto. Poi una fila di Botteghe con curiosità del paese da vendere, oggetti di industria montanara. Si arriva allo Staubbach (ruscello di polvere) perché l'acqua arriva in polvere a terra da un'altezza di 300 metri. I ghiacciai sono in vista, ma il passarci sopra esige tempo e un mulo, onde si va al Grindelvalder.[176]

Dis. 9.

[**39v**] Di nuovo paesaggio a viste superbe di orrori magnifici. Strati contorti in tutti i versi, e perfino rovesciati (*Dis. 9*), non ve n'è dubbio alcuno,

---

Newton conservate presso la Biblioteca di Ginevra; il 20/09 è a Berna, dove visita l'Osservatorio, riportando pochi appunti, poi riassunti nel diario (vedi 20 7bre) e il 21/09 è a Interlaken, da dove parte per la visita ai ghiacciai qui descritta più avanti.

171 Emile Plantamour (1815-1882), astronomo svizzero, direttore dell'Osservatorio di Ginevra.

172 Vedi nota 170.

173 Rudolf Radau (1835-1911), astronomo franco-tedesco, noto divulgatore scientifico.

174 Heinrich von Wild (1833-1902), fisico e meteorologo svizzero, in servizio all'Osservatorio di San Pietroburgo, ideatore di diversi strumenti meteorologici.

175 Comune svizzero della regione dell'Oberland.

176 Grindelwald, comune svizzero specializzato fin dal XIX secolo nel turismo alpino.

ma in scala enorme di 3 a 400 metri di altezza a taglio verticale. Al Grindelvalder v'è un poco più di apertura e si vede di fronte a distanza il ghiacciaio inferiore come un gran mare in burrasca agghiacciato, tutto coperto e irto di piramidi di ghiaccio, e con tagli di colori svariati, dal bianco d'argento al colore bleu il più carico. È una cosa misteriosa questo esser rubanné[177] a distanza, e affatto indescrivibile. Andati più oltre dell'albergo dell'Aquila si vede tutta l'imboc[c]atura del gran mare di ghiaccio, come un immenso anfiteatro che cola per [**40r**] la fessura in quelle forme bizzarre. Per rendermi conto di questi capricci, dopo il pranzo sono andato fin sopra il ghiacciaio superiore (1250^{m} sul mare) e ho veduto il mistero. Il ghiaccio è bianco alla superficie, ma nell'interno della massa nelle crepacce è di un bleu di mare magnifico. Quando una di queste crepacce si presenta di faccia allora il colore prende una intensità straordinaria. Queste crepacce sono fatte dallo stillicidio e dai ruscelli dell'acqua fusa per l'azione del sole. Questi rigagnoli fanno una corrosione profonda talora di 40 e più piedi ove il fondo è di un vivo azzurro. Lo studio di queste crepacce alla superficie è un poco pericoloso, e chi vi cascasse dentro sarebbe tagliato a pezzi dalle lance sporgenti di ghiaccio prima di giungere al fondo.

[**40v**] La struttura del ghiaccio si vede assai bene nella grotta che è cavata nel ghiaccio compatto, a mano, per vendere il ghiaccio o fare una speculazione col farla vedere ai forestieri. È una specie di catacomba tortuosa, larga 1^{m},20, lunga 50 in 60^{m}, con muri lisci a picco e trasparenti di un color ceruleo indescrivibile. Mentre è leggiero da vicino, sì che appare bianco tutto insieme, a profondità lascia passare un azzurro puro e sì denso che tinge i visi delle persone come di tinta cadaverica, e il rosso delle guancie diviene livido. Dopo esser stato dentro un qualche tempo, all'uscire l'imboc[c]atura appare rosea (per contrasto). È un fenomeno ben più magico e più féerique[178] e [**41r**] più sorprendente che la grotta azzurra di Napoli. Questa grotta deve scavarsi continuamente perché il ghiacciaio cammina, e la fonde, e talora si deve rinnovare due volte all'anno il che dà una idea del movimento di queste masse. Delle fontanelle sgorgano dalle pareti della grotta nelle fessure che paiono separare gli strati annui. Il ghiaccio non è duro ma può intaccarsi colla punta di un chiodo facilmente, è come della cera a bassa temperatura. Sicché non fa specie che sia cedevole alla pressione. La struttura del ghiaccio nell'interno della massa è tutta compatta, e solo qua e là è bolloso, ma del resto non ha fessure affatto ed è tutto di un pezzo. Alla superficie è tutto screpolato in pezzetti

177 Termine che indica la presenza di striature.

178 Fiabesco, in francese.

agglutinati, e mostra l'origine della neve [= *che l'origine è la neve*], ma nel masso a certa profondità è impossibile vedervi fessurelle minute. È tutto d'un getto.

[**41v**] Riflettendo al peso enorme che sostiene questo ghiaccio non può esser altrimenti. La massa sovrastante è enorme, il ghiacciaio è una trafila in cui la massa si spinge dall'altezza di 500 e più metri. Si può avere una idea della forza dall'abrasione che soffre la roccia ridotta in polvere impalpabile, che rende l'acqua della Leutchina [179] che ne sorte affatto biancacinerina. Qua e là sulla montagna si veggono sospesi minori ghiacciai come grandi candelotti (*Dis. 10*) che si vanno squagliando che in fondo sono verdigni e in cima bianchi. Onde non vi può esser dubbio che è un conglomerato della neve impastata per pressione che fa questi ammassi sì puri [**42r**] e trasparenti.

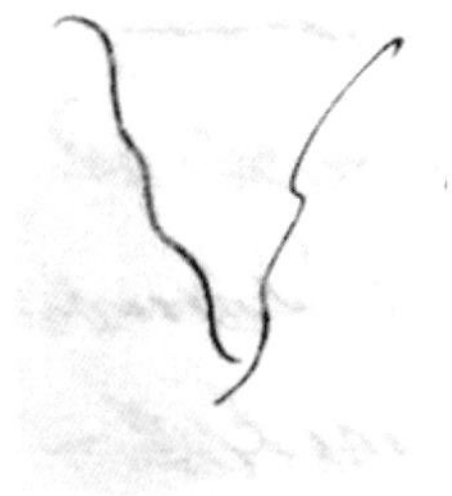

Dis. 10.

Fra le cose naturali meravigliose che ho veduto, nulla è più singolare né più bello che la visita di questo ghiacciaio, e solo può farne eccezione lo spettacolo di una ecclisse solare o di una eruzione vulcanica. Tutti e tre fenomeni classici e incomparabili. Camminammo un poco pel ghiacciaio ma trovammo assai pericolosa la discesa non avendo bastoni forati. Vedemmo però una delle crepacce assai lunghe e belle. Ci dissero che il ghiacciaio sulla grotta avea circa 50 piedi e lo credo. È una cosa unica e sorprendente.

Lo spettacolo della natura è diventato sorgente di industria pel paese i cui abitanti divertono il forestiero in modo nuovo, chi con lunghi corni (*Dis. 11*) facendo de' forti [**42v**] suoni che rimbalzati formano un[*a*] armonia singolare col suono primitivo che pare un[*a*] orchestra. Fenomeno che prova che all'andare e al venire il moto dell'onda si combina col moto di traslazione e varia il tono. Uno di questi echi dura fino a 10 s[econdi] e ripete una serie di volte difficile a calcolare, superiore a 5 o 6. Un colpo di cannoncino dura anche di più e fa un rombo e un rinforzo e un roulement proprio come il tuono, e può servire di spiegazione a questo fenomeno. È singolare il rinforzo e roulement dopo che tutto pare cessato. Proprio come nel tuono. Altri vendono delle casucce di legno a

Dis. 11.

[179] Lütschine, fiume svizzero che attraversa la regione.

forma dei loro chalets, altri delle frutta, altri dei liquori, in modo che parve [**43r**] di stare in città a una passeggiata pubblica. E certamente questo è il più bel sito delle Alpi e il più frequentato. Benché la stagione fosse passata abbiamo contato non meno di 15 carrozzate di viaggiatori mobili senza contare i molti inglesi negli I Iotel che vi sono assai numerosi.

La vegetazione e il paese è fresco e verde d'incanto, il calcareo de' monti qui si mischia in un terreno sabbioso argilloso con buona dose di ferro. Non è il calcareo bianco degli Appennini che è indecomponibile, qui la roccia si disgrega e fa un eccellente terreno. Le éboulements [*o*] scoscendimenti e le avalanghe sono frequenti, in primavera specialmente. È un luogo di delizie e di passeggiate ove sono molti inglesi, ma il viverci deve essere assai noioso.

[**43v**] Ma come si sono formate queste gole? Ecco il problema! La corrispondenza delle rocce fa vedere che per lo più lo sono per erosione, ma se per acqua o per ghiacciai è difficile a dire, perché la roccia si scoscende e casca, e non conserva la sua superficie antica.

Al ritorno da Grindenvalder nell'andare a Lucerna vidi le rocce su cui passa la strada corriera, tutte [*e*]rose e arrondite [= *levigate*] dall'azione de' ghiacciai che altre volte coprivano anche le montagne dall'altra parte ed ora sono tutte vestite di selve. Sicché anche la vallata de' laghi di Interlaken[180] è lavoro di simile origine. Adesso che ho imparato a conoscere queste rocce striées, pelées et moutonnées[181] non sarà difficile riconoscerle negli Appennini. L'acqua che cola lavora diversamente.

[**44r**] L'Oberland Svizzero è una gran scuola di fenomeni di ogni specie, ma scuola in Grande, e la mente si perde a calcolare i secoli in cui queste rocce si formarono e poi quelli in cui dopo essere emerse furono [*e*]rose, e passarono con tante vicende allo stato presente. Che forze enormi non dovettero esser quelle che ripiegarono così questi strati, e quanta non dovea esser la materia sovrapposta per non cedere a questa pressione e aprirsi e solo permettere una ripiegatura di tal fatta[*!*] Si vede che vi era sopra almeno il doppio di quello che ora si vede: dove è andato?

Tutte le valli e pianure di questi siti sono colmature di questi laghi, e si vede che le acque torbide che entrano [*e*] si depurano in essi divengono chiare, e limpide, e di verde bleu perfetto come il mare.

[**44v**] 24 [settembre]. A Monaco. Bella città e di gusto affatto italiano. Molti monumenti riprodotti con gusto gaio e squisito.

---

180 Altro comune svizzero della regione dell'Oberland.

181 Striate, pelate e montonate, in francese. Le rocce montonate sono tipiche dei ghiacciai e presentano striature e arrotondamenti.

Visita a Merz[182] ove vedo un prisma a dispersione estremamente grande (Da comprare?)

Da Ertel[183] nulla di particolare. Da Lamont[184] la sera. Si ha non un osservatorio ma un <u>atelier</u>. Una furia di piccoli studi o di apparati ingegnosi per tutti gli oggetti. Registri elettrici per le osservazioni meridiane molto curiosi, ma rustici. Tra questi merita attenzione l'interruttore a mercurio, formato da una specie di sifoncino pieno di mercurio attaccato al pendolo che in passando tocca colla gocciola di mercurio una rotella di platino (*Dis. 12*). Il con[**45r**]tatto è leggiero e sicuro a quel che esso dice. È in fondo quello di Maury[185] ma perfezionato, e sostituendo alla gocciola un canaletto lungo si può avere una maggiore sicurezza a che il pendolo non devii. Una vite di registro serve ad alzare la rotellina perché non tocchi quando non si vuole. La rotellina ha 12 m[illi]m[etri] di diametro circa. Questo mi pare il migliore interruttore. Plantamour adopra quello di Hipp, ma q[ues]to ferma l'orologio a meno che non sia vicinissimo alla sospensione. Si usa da lui un pendolo ausiliario, lasciando intatto il normale; i confronti li fà osservando il passaggio del pendolo normale per un segno verticale, e battendo il tasto per 10 s[econdi]. Così si evita la correzione della diff[erenz]a tra le battute e il medio della oscillazione.

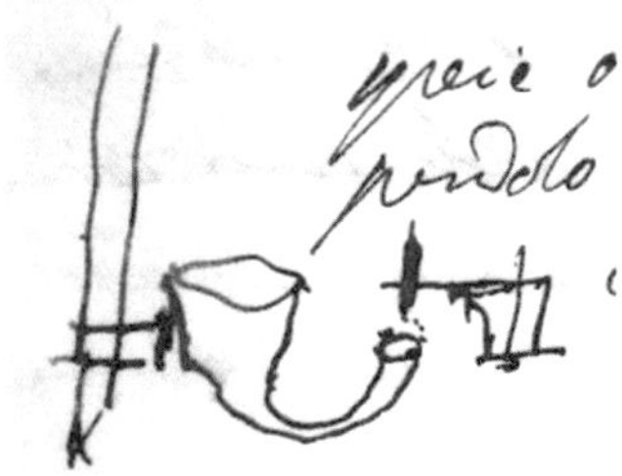

Dis. 12.

[**45v**] *Capovolto:* Conti più gravi

Ricevuti dal P[adre] Lavigne[186] [ad]dì

ai 15 maggio .... fr[anchi] 300,00

Questi furono il giorno stesso pagati a Prudhomme pel canapo telegrafico

---

[182] Il Merz qui menzionato è con ogni probabilità Sigmund (1824-1908), figlio di Georg Merz (1793-1867), costruttore di eccellenti strumenti ottici a Monaco, che era uno dei principali fornitori di Secchi; I. Chinnici, *The maker and the scientist: the Merz-Secchi connection*, in *Merz telescopes: a heritage worth preserving*, ed. by I. Chinnici, Springer, 2017, pp. 39-68.

[183] Ditta di strumenti scientifici fondata a Monaco da Traugott Leberecht von Ertel (1778-1858), cui si associò nel 1834 il figlio Georg (1813-1863).

[184] Johann von Lamont (1805-1879), noto studioso di geomagnetismo, era professore di astronomia presso l'Università di Monaco.

[185] Matthew Fontaine Maury (1806-1873), meteorologo e oceanografo statunitense.

[186] Non è chiaro se si tratti di p. Alexandre Lavigne SJ (?-1874), all'epoca a Parigi, poi uscito dalla Compagnia di Gesù e incardinato nella Diocesi di Nizza.

Più dal P[adre] Longhaye [187] altri .... fr[anchi] 300,00
da pagare una seconda rata al medesimo.
[**46r-47v**] *[pagine bianche]*

[187] Potrebbe trattarsi di p. Georges Longhaye SJ (1839-1920), noto critico letterario.

PRIMO VIAGGIO A PARIGI PER LA CONFERENZA INTERNAZIONALE DEL METRO (1870)

Durante la sua carriera scientifica, Secchi fece parte di numerose Commissioni internazionali, a conferma dell'autorevolezza di cui godeva presso la comunità scientifica mondiale. Una di queste fu la Commissione internazionale riunitasi a Parigi negli anni 1870 e 1872 per discutere la revisione del metro campione: si erano infatti ravvisati dei deterioramenti nel campione preservato presso gli Archives nationales a Parigi (noto come *Mètre des Archives*) che ne inficiavano l'esatta corrispondenza alla lunghezza del metro convenzionalmente stabilita. Qualche anno prima, anche la Commissione geodetica internazionale per la misura del grado del meridiano centrale europeo, aveva effettuato dei confronti tra i vari campioni di unità di misura in uso nei vari paesi (generalmente il metro e la tesa) e aveva invocato nel 1867 la creazione di un nuovo prototipo internazionale del metro, la cui lunghezza non fosse fissata da estremità, soggette ad usura o deterioramento (come nel caso del *mètre des archives*), bensì da due segni marcati su una sbarra (*mètre à trait*). Inoltre, la revisione del metro campione offriva un'occasione propizia anche per una revisione del campione del peso, il chilogrammo.

Secchi partecipò ad entrambe le riunioni del 1870 e del 1872 (vedi il relativo Diario, più avanti), la prima delle quali si tenne nei giorni cruciali della guerra franco-prussiana. Il sentimento generale, a Parigi, era di ansia e preoccupazione per il precipitare degli eventi politici, e i lavori della Commissione ne furono fortemente condizionati, anche per l'assenza di numerosi delegati, che preferirono non partecipare alla riunione a causa degli eventi bellici in corso. La Commissione decise pertanto di riaggiornarsi dopo un paio d'anni.

Dal diario di questa prima convocazione, appare chiaro come Secchi tentò di evitare il fallimento della riunione, aiutando i colleghi a mantenere lucidità e a portare avanti i lavori, con proposte operative, soluzioni e considerazioni generali. Non mancò poi, come di consueto, di far visita a colleghi ed istituzioni (tra cui l'Institut de France, l'Osservatorio di

Parigi, il parco di Montsouris, il laboratorio chimico dell'École Normale Supérieure). Al tempo stesso, intuì che quanto stava accadendo al fronte avrebbe avuto delle ripercussioni a Roma – e la storia gli diede ragione. In effetti, i soldati francesi che assicuravano la difesa della città furono richiamati da Napoleone III sul fronte prussiano, lasciando sguarnita Roma, e di fatto lasciando campo libero ai bersaglieri che, nel settembre 1870, da Porta Pia entrarono facilmente in quella che sarebbe divenuta la capitale d'Italia.

Nel viaggio di ritorno dalla Francia, Secchi si fermò a Ginevra; poi, attraversato il passo del Sempione, si recò a Milano per visitare il collega Schiaparelli (vedi più avanti); infine, andò a trovare i familiari a Reggio Emilia e visitò l'Osservatorio di Modena. A fine agosto, Secchi rientrò quindi a Roma, una città dal destino ormai segnato, che si sarebbe compiuto poche settimane più tardi.

Trascrizione Diario C(1) - APUG FS 23.II.C (ff. 1-26)

[**1r**] Diario (C) *[di mano ignota]*

[1v] **"1° Viaggio a Parigi pel metro ([agosto][1] 1870)"** [...]

[**2r**] 1870.

Diario del viaggio fatto a Parigi per assistere alla conferenza metrica.

L'invito a questa conferenza era venuto alla S[anta] Sede per mezzo dell'ambasciatore francese,[2] che comunicò al Card[inale] Antonelli[3] una lettera del Duca di Grammont[4] in cui diceva che l'imperatore *[Napoleone III]* avea risoluto di tenere una conferenza internazionale per risolvere le recenti difficoltà nate pel metro; e perciò la Santa Sede era invitata a inviare un dotto per suo rappresentante. Il card[inale] Berardi[5] Min[istr]o del Commercio mi mandò a chiamare, e mi lesse la lettera di Grammont, e mi disse se me la sentiva di fare il viaggio. Risposi, che se ciò piaceva al S[ant]o Padre, ben volentieri. Mi disse che gli facessi sapere che spesa sarebbe [**2v**] occorsa, e io risposi che l'assegno pel viaggio de' nostri era 300 franchi

---

1 Aggiunta di altra mano, forse Castellani.

2 Era ambasciatore, allora, il marchese Gaston de Banneville (1818-1881).

3 Vedi Diario A, "Esposizione del 1867", nota 32.

4 Agénor de Gramont (1819-1880) era allora Ministro degli Esteri della Francia.

5 Il cardinale Giuseppe Berardi (1810-1878) era pro-ministro del Commercio, Belle Arti, Industria, Agricoltura e Lavori pubblici dello Stato Pontificio.

per arrivare a Parigi, e che con le spese necessarie, andando e tornando si richiederebbero 700 fr[anchi].

Inoltre che si poteva profittare di questa occasione per far campionare il nostro metro che ha servito per la base sull'Appia[6] col metro campione degli archivii, cosa che certamente in questa occasione sarebbe desiderabilissima.

Così fu conchiuso. Poi venne l'invito di andare alla conferenza di Vienna per la misura dell'arco di meridiano,[7] che dovea cominciare ai 19 7bre [= *settembre*] e perciò pure fu stabilito che finito a Parigi si sarebbe andato a Vienna.

Intanto scoppiava la guerra tra la Prussia e la Francia, come una bomba inaspettata, e alla **[3r]** furia veramente francese tutta l'Europa era in fuoco.

Era naturale che non si sarebbe più fatto nulla, e perciò fu scritto al Gen[erale] Morin,[8] ma questi rispose che tutto sarebbe andato come prima e senza nessun ritardo per la guerra.

Quindi feci i preparativi, ma sempre con riserva fino al giorno di Martedì 2 corr[ent]e [*agosto*] in cui fui dal Papa *[Pio IX]* per presentargli i lavori dell'Osservatorio e l'opera sul Sole,[9] e congedarmi. All'espressione che io gli feci di un poco di dispiacere di lasciar Roma in questi momenti, Egli mi replicò: Ché? Avete paura – No, S[anto] Padre, ma non posso negare qualche apprensione – Ah niente paura, andate pure con coraggio. Dio sarà con noi; più gli uomini ci negano il loro aiuto, e più **[3v]** noi l'avremo forte da Dio. E che non credete Dio più forte di Napoleone? Fatevi coraggio, e andate e fatevi onore, come sapete fare. Ho piacere che vi sia qualche ecclesiastico che nelle cose di scienza sappia sostenere l'onore della Chiesa.

Confortato da questo discorso, partii il giovedì seguente 4 corr[ent]e Agosto all'ore 9½ ant[imeridiane] dal Coll[egi]o e alle 2 or[e] da Civitavecchia.

La traversata fu penosa assai ma non ebbi sturbo e solo un gran mal essere; ma era male generale; la maretta era forte e il cielo sciroccoso e

---

6 Negli anni 1854-55, Secchi aveva rimisurato la base geodetica sulla via Appia, la cui corretta misurazione era stata messa in discussione (I. CHINNICI, *Decoding the Stars: a Biography of Angelo Secchi, Jesuit and Scientist*, Leiden-Boston, Brill, 2019, pp. 81-85).

7 Si tratta della conferenza della Commissione internazionale permanente per la misura del grado del meridiano centrale europeo, costituitasi nel 1864, poi divenuta Associazione geodetica internazionale.

8 Arthur Morin era direttore del Conservatoire des Arts et Métiers a Parigi; vedi Diario A, "Esposizione del 1867", nota 26.

9 Nel 1870 Secchi aveva pubblicato la prima edizione del suo celebre trattato sul sole: A. SECCHI, *Le Soleil*, Paris, Gauthier-Villars, 1870.

fosco. Si tardò assai col vapore e non si arrivò a Marsiglia che alle 11½ pom[eridiane]. Onde si stette nel vapore, ma senza poter dormire per la puzza, pel rumore, [**4r**] e per le pulci. La mattina seguente, 6 [agosto], sbarcai e andai a casa nostra à la Mission de France, e di là partii alle 10 per andare al treno appresso che mi portò a Parigi la mattina del 7 [agosto] a 5 or[e] ant[imeridiane].

Era domenica e trovai la città tutta scoraggita per le sconfitte toccate dai prussiani: la cosa era seria. MacMahon[10] avea perduto una battaglia, Frossard[11] era separato e battuto. Il nemico [*era*] sul territorio francese. La cosa dovea esser più seria che non pareva, perché si proclamava Parigi in stato di assedio, e di urgente difesa. Si convocavano le Camere ecc. Erano abbacchiati oltre modo, e scoraggiti, e il sentimento di tutti era di gran dolore.

Qui si vedeva la differenza [**4v**] tra le spampanate di pochi giorni fa e la realtà delle cose. Una lezioncina da non fare loro male, se ne sapranno profittare.

8 Ag[ost]o

Si ha la notizia ufficiale della lega all'Italia che darà 100 mila uomini.[12] Era dunque vera! E il prezzo? – Sarà Roma! – lo vedremo ... ma ...

A mezzodì oggi è stata la prima riunione. Sono arrivato al conserv[atori]o [*di Arti e Mestieri*] mezz'ora prima e mi hanno mostrato i grandi lavori fatti per la costruzione di questi metri [*campione*].

Una camera è stata preparata in modo che la sua temperatura è mantenuta a zero mediante un refrigeratore, che è composto a un dipresso come [**5r**] la macchina per fare il ghiaccio. Solo invece dell'ammoniaca si usa l'etere solforico. Una circolazione di questo gas alternativamente dilatato e condensato produce il freddo in una cassa d'aria che si comunica alla camera. Il comparatore sta dietro questa camera con luci artificiali esterne inviate dentro con specchi e riflessi. Doppia porta ecc. ecc. La temperatura zero è così ottenuta molto costantemente, ma secondo me è una pazzia. Era meglio la temperatura di 13° Réamur meno costosa, e più facile da ottenere. Vi è una bilancia a vuoto, vi sono comparatori,

---

[10] Il generale Patrice de MacMahon (1808-1893) guidò le armate alsaziane durante la guerra franco-prussiana e venne sconfitto il 6 agosto nella battaglia di Wœrth.

[11] Il generale Charles Auguste Frossard (1807-1875) era al comando di un corpo d'armata che fu sconfitta a Spicheren lo stesso 6 agosto.

[12] Austria, Francia ed Italia avevano negoziato in segreto un'alleanza contro la Prussia, ma i negoziati erano falliti per la riluttanza di Napoleone III ad accettare la condizione di lasciare libera l'Italia di occupare Roma.

ecc. di ogni specie, una sala tutta piena di strumenti con cicerone pronto a spiegar tutto.

[5v] Arrivati a mezzodì si va alla sala di riunione, ma non vi sono che pochi membri, i quali poi vanno venendo. Dopo molte ciarle si trovano presenti tra quelli che conosco [13] Miller, Struve, Hirsch, Hibanez, Morin, Tresca, Faye, Mohn, Mathieu.

La apertura si fa con poche parole di M[onsieur] Mathieu il quale annunzia che, attese le circostanze presenti, il Ministro dell'Istruzione Pubblica [14] non può venire, come avrebbe desiderato. La Commissione inoltre non è completa per mancanza di varii membri tedeschi. Hirsch propone di fare la creazione di alcuni vicepresidenti, e nomina Struve, Heer,[15] Airy [16]... Ma questo non essendo presente non può esser ammesso.

[6r] Si legge una lettera di Airy in cui si scusa di non poter venire, e inoltre accenna varie cose nel modo di fare i campioni (che sono premature), esorta ad aspettare i prussiani, e vuole esser informato. Gli si usano deferenze ma in fondo non è ammesso il suo modo di vedere, pel momento.

Struve, Hirsch e Wild [17] presentano una proposta di aspettare a far risoluzioni che vi siano i tedeschi, che si tratti solo di cose generiche preparatorie, che si faccia al Governo l'istanza di fare trattare tutte le materie e non solo quelle del metro, ma anche quella di pesi, ecc.

Si discute assai e non si conclude nulla. Solo si rimette a domani la votazione **[6v]** secondo la proposta di Faye. Laugier [18] si rende ridicolo col dire che non può pensare al metro, Hirsch e altri lo appoggiano, ma in fondo si vede chiaro che è l'elemento tedesco che cerca a mandar tutto a monte. D'altronde il programma francese è troppo ristretto, essi vorrebbero limitarlo a fare un metro à <u>trait</u> che fosse tale da poter rappresentare il metro tipo degli archivii, in somma un lavoro di copia.

---

13 Nell'ordine, i personaggi menzionati sono: il chimico inglese William Hallowes Miller (vedi Diario A, "Esposizione del 1867", nota 150); l'astronomo russo-tedesco Otto Wilhelm von Struve (1819-1905), direttore dell'Osservatorio di Pulkovo a San Pietroburgo; il geodeta svizzero Adolph Hirsch (1830-1901); il generale e geodeta spagnolo Carlos Ibañez e Ibañez de Ibero (1825-1891); i francesi Morin, già citato, l'ingegnere Henri Tresca (vedi ivi, nota 107), e l'astronomo Hervé Faye (1814-1902); il meteorologo norvegese Henrik Mohn (1835-1916); il matematico francese Claude-Louis Mathieu (1783-1875), Presidente della Commissione.

14 Jacques Philippe Mège (1817-1878) terminò il proprio mandato con la caduta del governo (il 10 agosto, nel corso dei lavori della Commissione), provocata dagli eventi bellici.

15 Oswald Heer (1809-1883), geologo e naturalista svizzero.

16 George Biddell Airy era Astronomer Royal presso l'Osservatorio di Greenwich (vedi ivi, nota 156).

17 Heinrich von Wild, fisico e meteorologo svizzero (vedi ivi, nota 174).

18 Paul Laugier (1812-1872), astronomo francese, genero di Mathieu.

Il P[adre] Secchi fa vedere che sarebbe inconveniente che la Commissione si separasse senza aver almeno discusso in massima i punti fondamentali. Osserva che vi sono molte cose relative all'impianto del metro, che sono da **[7r]** discutere e che sono da organizzare, nelle quali la Commissione deve essere illuminata. Siccome per es[empio], vi è il rapporto della tesa al metro che merita di esser discusso, e non può trattarsi leggermente. Si deve fissare fino a che esattezza si possa tener conto [*di*] questo rapporto, e come [*considerarlo*] esatto. Poi ritornano da capo e non si conclude nulla. Manca una direzione alla discussione.

Si fa vedere un metro di platino e iridio 1/10 con due crepacci che si vedono a occhio. Vedremo domani quale sarà la decisione, la seduta è convocata a 1^{h} pom[eridiane].

Dopo si va all'Institut *[de France]* dove non vi è nulla di nuovo. Costoro sono così disorientati che domandano di rimetter la scelta di un membro della sezione zoologica a 3 mesi di distanza!!!!

[7v] Tutti hanno perduto la testa, tanto gli estremi si toccano. Il superiore *[dei gesuiti]* alla fine di tavola ha raccomandato di non sortire e la prudenza in parlare. Le mitrailleuses francesi non valgono più nulla. Il collegio sarà uno spedale domani e buono per noi. Certo che a Roma non vi era tanta costernazione alla vigilia *[della battaglia]* di Mentana. I Prussiani aveano a venire pei Vosgi, ma io credo che sia una finta, essi entreranno per altra via. Niente vi è della flotta, che è come se non esistesse. Oh che triste aspetto! Non avrei creduto mai di trovare un popolo sì umiliato! Quanto poco ci vuole a Dio! Io confronto questo stato con quello di Roma e dico Dio è grande! Viva la religione.

[8r] 9 Agosto

Si fa al Conservatorio la 2ª riunione, vi sono alcuni di più, e specialmente gli ungheresi, e Henry[19] l'americano. Non si fa altro che mettere alla votazione la proposta di Struve che è però modificata togliendo le parole "qui empechent... à Paris" = Si fanno altre chiacchere, ma poco conclusive, e infine le 3 proposizioni sono accettate all'unanimità. Si trova presente M[onsieur] Moustier,[20] a nome del Ministro, che assicura [*al*]la commissione che si farà dal governo ciò che ella chiederà, e specialmente di completare ciò che spetta il sistema [*di pesi e misure*], col discutere il chilogrammo.

Le teste non sono punto più calme, alla Camera si discute – dicesi – l'abdicazione dell'imperatore. Parigi è in stato di assedio, ma tutti fan-

---

19 Il fisico Joseph Henry (1797-1878), celebre per i suoi studi di elettromagnetismo.

20 Potrebbe trattarsi di René de Moustier (1850-1935), uomo politico e figlio del marchese Léonel de Moustier (1817-1869), quest'ultimo già Ministro degli Affari Esteri.

no come prima! Gran proclami ogni sera, [misto?] alle cantonate. Oh che matti!

[**8v**] 10 agosto

Seduta agli Archivii imperiali. Il Direttore [*Alfred Maury (1817-1892)*] in fiocchetto viene a ricevere la commissione al cancello e la introduce nel palazzo, che è veramente una magnifica fabbrica per l'uso di questi siti, con un bel peristilio che circonda un piazzale ridotto a giardino.

Ci fa fare un lungo giro nelle gallerie per condurci alla sala principale, dove è il famoso armario di ferro in cui si conservano i documenti e oggetti più curiosi. Fra gli altri, le chiavi di Colonia,[21] che non avranno duplicato come si sperava.

Dopo molta fatica si riuscì ad aprire, e bisognò chiamare un chiavaro per aprir l'ultima delle 3 porte che chiudono il prezioso tesoro. Infine fu aperto il santuario, e comparve la cassa in cui [**9r**] è il metro con alcuni documenti ad esso relativi, di cui uno fu letto che dava i nomi di tutti i commissari dell'epoca della repubblica una e indivisibile. Vi figurano molti italiani, Vassalli, Mascheroni, Fabbroni[22] ...

Il metro tipo è come quello del Conservatorio. Esso è di platino largo 25 millim[etri], grosso 4 [*millimetri*], ben lavorato e dritto quanto si può giudicare ad occhio, ma molto flessibile in lunghezza. La sua struttura appare compatta ma vi sono varie sfaldature di imperfetta saldatura, e soprattutto è notabile una bolla rialzata, formata a quel che pare da una pellicola che l'aria interna ha gonfiato. È un fenomeno curioso. Il platino non è fuso, ma solo martellato, e brassé.

[**9v**] Le testate furono soggetto di un esame accurato con lenti. Apparvero in esse evidenti i segni di una lima, o altro mezzo di abrasione, che ha lasciato tracce sensibili a un ingrandimento non forte, cioè non più di 4 diametri. Oltre ciò vi sono dei pori ben visibili, che i commissarii tedeschi chiamarono buchi ma sono così piccoli che appena vi può entrare la punta di un ago, e non si userà mai tal mezzo per campionare. La parte centrale delle testate è lisciata, e sono spariti i segni della lima coll'uso della pressione e l'attrito ne' confronti tutti. Di questi esiste una nota officiale.

Si fece poi dal P[adre] Secchi un esame ottico sulla forma [**10r**] delle testate, facendo riflettere da esse come da uno specchio il raggio diretto del

---

21 Agli Archives Nationales sono tuttora conservate le antiche chiavi della città di Colonia (e di altre città della Renania), prese durante le guerre tra Francia e Germania nel periodo 1789-1840.

22 Nell'ordine, si tratta del fisico Antonio Maria Vassalli (1761-1825), del matematico Lorenzo Mascheroni (1750-1800) e del chimico e naturalista Giovanni Fabbroni (1752-1822).

sole, e si trovò che la testata vicina alla bolla rifletteva il sole in modo che dava una semplice linea sfrangiata a una distanza di circa 4 centim[etri]. Se essa fosse stata piana la immagine riflessa avrebbe dovuto esser un rettangolo e pure non era. Quindi avea un foco ben manifesto: essa era curva cioè concava cilindrica in senso tale che l'asse della cavità era nel senso della larghezza del metro.

Dis. 1.

La seconda testata esposta al sole diede nella carta un rettangolo ben netto e conformato (*Dis. 1*), con un poco di sbavature, e con punti brillanti corrispondenti ai luoghi in cui il metro era pulito per attrito in testa. [**10v**] Sicché questa testata è piana, ma non è uniformemente pulita.

Fu fatto poscia lo stesso esperimento col metro del conservatorio, e ambedue le testate di questo diedero una imagine rettangolare molto mal terminata e diffusa *(Dis. 2)*, talché si concluse che esse non erano niente affatto piane.

Da questo tutti conclusero che non [*si*] poteva più avere dubbi, che il metro degli archivii era migliore che quello del Conservatorio – che il sistema di metro a testata era con ciò stesso condannato – che, stante le irregolarità del metro campione degli Archivi, è mestieri usare un mezzo di contatto simile a quello di Lenoir[23] – che non [**11r**] si dovea fare il contatto in un punto solo, ma in molti, con un cilindro – che con tal mezzo si sarebbe potuto ottenere un metro a trait che rappresentasse il metro a bout.

Sorse poi nella lettura del processo verbale della seduta precedente una discussione, per ribattere una proposizione di Hirsch che diceva essere, dopo Bessel,[24] assurdo il pretendere il metro una 1 / 10000000 parte del quadrante terrestre, e fu rimbeccato per più ragioni.

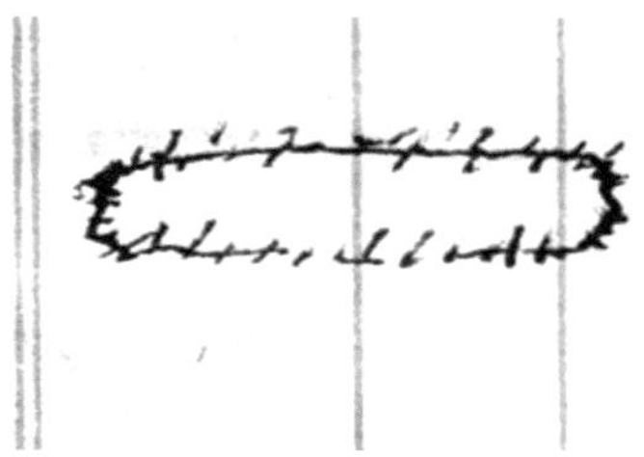

Dis. 2.

1°. perché anche i costruttori del metro sapevano le incertezze delle misure loro. (V[edi] infatti *[Méchain et]* De-

[23] Il costruttore Etienne Lenoir (1744-1832) aveva realizzato nel 1793 il metro standard in ottone e inventato un comparatore per le misure di confronto.

[24] Friedrich Wilhelm Bessel (1784-1846), matematico, astronomo e geodeta tedesco.

lambre, Base[25] ecc. Tom. III. pag. 135 che trova che il metro sarebbe 443^{l}.3076 mentre la commissione l'ha fatto di 443.2959 e attribuisce ciò al piccolo schiacciamento 1/334 usato dalla com[mission]e, invece del più vero 1/309.

[**11v**] Altre incertezze sono pure da esso menzionate a pag. 137 a cagione della temperatura che è un poco da correggere. V[edi] anche pag. 430 ove i commissarii notano le inesattezze delle basi, degli azimut, e assegnano le cause dell'influenza delle montagne, della irregolarità de' gradi ecc. cose tutte da essi ben conosciute).

Il gen[erale] Morin richiamò le suddette cose, e Faye soggiunse esser vero che nelle scuole, e officialmente se vuolsi, fu data la famosa definizione del metro, ma che ciò fu fatto per togliere quanto era possibile in pratica le suscettibilità nazionali, e che del resto i suoi autori non si facevano punto su ciò illu[**12r**]sione alcuna – Ed io lo credo vero – così il S[igno]r Hirsch dové ritirare la sua espressione – la quale posso aggiungere è anche storicamente falsa, perché non fu Bessel, ma Puissant[26] che pel primo si accorse degli errori di calcolo che avea commesso la commissione.

Seguono varie discussioni sul modo di esplorare il valore di queste irregolarità delle testate, e stimarne il valore al vero in frazione di metro. Lang[27] propone il microscopio, usando la variazione di lunghezza focale, ma pare che non si debba partire dai mezzi di contatto – La [*soluzione*] più spedita per me sarebbe prendere una media di più punti vicini al mezzo, usando il metodo antico, usando una leva a specchio.

[**12v**] Per questo fu fissata una commissione di 5 membri, cioè Tresca, Miller, Ibañez, Heer e Hirsch che proponessero alla commissione generale quali mezzi credeva dovere applicare.

Nel partire, Ibañez e Hirsch mi dissero tondo, che coi mezzi usati dai francesi, essi avrebbero trovato sempre tutto d'accordo – questo è un po' maligno, dissi io – Ma sì, replicarono essi, ci vorrebbe il coraggio di dir loro che questi mezzi non sono più sufficienti. Ma chi oserà far ciò e dirlo? Ibanez era infarnatichito de' metodi di Steinheil,[28] ma questo è già un ciarlatano che vanta molto e poi conclude poco. Vedremo oggi che cosa salta fuori. La seduta durò fino alle 4½.

---

25 P. Méchain – J.-B. Delambre, *Base du système mètrique décimal ou Mesure de l'arc du Méridien*, 3 vol. 1806, 1807, 1810, Paris). Gli astronomi francesi Pierre Méchaine (1744-1804) e Jean-Baptiste Delambre (1749-1822) avevano misurato il quarto di meridiano compreso tra Dunkerque e Barcellona dal 1792 al 1799, ricavando da questo, per convenzione, la lunghezza del metro come la decimilionesima parte di questo arco.

26 Louis Puissant (1769-1843), geografo francese.

27 Viktor von Lang (1838-1921), chimico e mineralogista tedesco.

28 Carl August von Steinheil (1801-1870), fisico ed ingegnere tedesco.

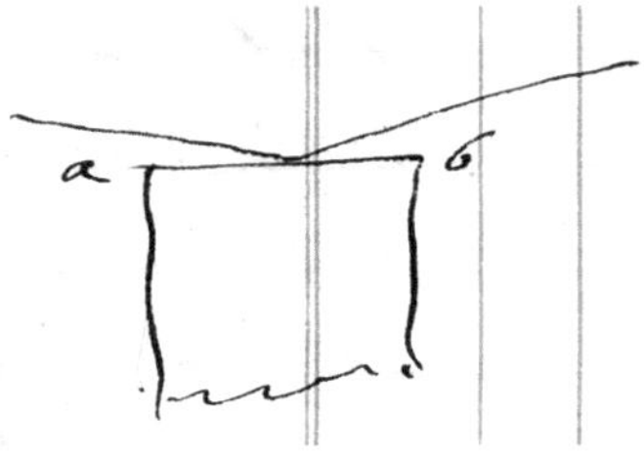

Dis. 3.

[**13r**] Per studiare queste irregolarità la meglio sarebbe fare così = (*Dis. 3*) La ab è la testata del metro, quando si getti un raggio rasente essa, se il metro è più alto avremo una diversa direzione del raggio riflesso.

Forse anche l'interferenza potrà servire.

I fisici francesi che potrebbero esser utili, ora si sono nascosti! Pare che abbiano paura; vi è stato qualche mistero.

Fu pure visitato il chilogrammo, ma salva l'osservazione che esso è solo un poco imperfettamente cilindrico, non si poté dir altro; esso è in buono stato, come il resto.

[**13v**] 11 agosto

Seduta al Conservatorio. Viene il Gen[erale] Ricci.[29]

Si ricevono le proposte fatte dal Comitato per costruire il nuovo metro, e che si riducono 1. a partire dal metro degli archivi riconosciuto sufficientemente in buono stato per dare il metro nuovo (non la decimillionesima parte ecc.) – 2. nessuno deve toccare il metro fino all'arrivo della commissione definitiva – 3. le comparazioni definitive devono esser fatte con palpi a cilindro all'uso antico, e poi con palpi a sfera. 4 – Esaminare con apparati opportuni lo stato delle superfici c[on] mezzi ottici, microscopici, fotografici, ecc. e, solo dopo questi, usare il tocco di qualsiasi cosa. [**14r**] 5. dopo tali studi sarà fissato il modo e come sia da definire la lunghezza del metro e in che punti si debba pigliare la misura.

Seguono poi altri punti di proposte di ricerche da dirigersi alla commissione, cioè

6. a) il metro deve essere a segno o a testata, benché la questione sia quasi decisa, pure si deve mettere.

7. b) la materia del metro

8. c) la forma e sue specialità

9. d) se vi si debba metter un termometro annesso che ne faccia parte

10. e) come sostenere il metro, se coi rouleaux, o come altrimenti

11. f) studio delle dilatazioni e coefficienti, se siano persistenti ovvero variabili. Effetto delle scosse, ecc.

12. g) Natura del comparatore e suo modo di agire

---

[29] Il Generale Giuseppe Ricci (1811-1881) era delegato per l'Italia.

[14v] 13. h) qual temperatura deve scegliersi perché quella a zero non si crede la più commoda, né la [*più*] conveniente.

14. i) segue una grande e lunga discussione se debba mettersi un voto di rimisurare la base di Melun[30] o altra; ma ciò a molti pare inutile; 1° screditerebbe il metro, quasiché esso non fosse abbastanza rappresentato dal metro degli archivii; 2° Le basi non hanno precisione sufficiente per ciò. 3° vi posson esser de' movimenti nel terreno assai forti e che passano senza osservazione, specialmente in certi siti. 4° aggiungo io che con questo non si avrebbe nulla di buono pel metro perché la base non fu misurata col **[15r]** metro, ma colla tesa, o piuttosto colle righe famose, e per avere da essa il metro è da ritornare a campionare le tese.

Hirsch disse che è perduta la tesa del Perù, ma pare che non sia vero perché ne parla Delambre, poscia il rappresentante del Quito *[= Ecuador]* disse che la tesa si conservava a Quito. Dopo molta discussione la proposta passò con 10 voti contro 8 (Faye l'appoggiò mentre Hirsch si ritirava, e fu in tutto una vera scena da burattini).

Si scelse infine un comitato composto di membri degli stati forniti di migliori mezzi di studio, cioè inglese, francese, prussiano, americano, russo onde preparassero gli studi per la futura riunione.

[15v] Si decise infine di trattare del chilogrammo il dì seguente.

Le sedute finiranno forse con questa di domani.

Sebbene non sia stata una seduta definitiva tuttavia era necessario farla, e in una semplice conferenza non si sarebbe potuto esaurire tutta la materia che si è proposta, esigendosi un gran numero di ricerche e sperienze preparatorie, talché quelle fatte dal Morin sono un nulla in confronto del bisogno. Sicché il viaggio non è perduto, io poi ho avuto occasione di vedere i membri dell'Associazione [*geodetica*] e averne lumi assai.

Il Col[onnello] Ibanez mi disse che i segnali da loro usati erano un quadrato che sottendeva alcuni secondi, e che **[16r]** mettevasi nel pilastro ben centrato *(Dis. 4)*. Il quadrato era di diverse grandezze secondo le distanze e talmente calcolato che si vedesse come un quadratino entro il quadrato de' fili *(Dis. 5)*. Sotto nel pilastro si metteva l'eliostato, se era commodo si usava all'uno o all'altro. Bisognerà fare un esperimento per questo.

Dis. 4.

[30] Comune francese vicino a Parigi. Nel 1798, Delambre e Méchain avevano misurato la base geodetica Melun-Lieusaint, lunga 6000 tese (11.7 km), per verificare la loro misura del quarto di meridiano.

Il loro eliotropo è tutto in altro modo (*Dis.* 6) abc sono due specchi ad angolo retto in b, il raggio solare cade in m, e in n, ed è riflesso [pure?] [**16v**] om, nk uno all'oculare di un cannocchiale O, l'altro al segnale K. Si rettifica facilmente, (Forse alcune parti non sono stagnate?) Si domandi.

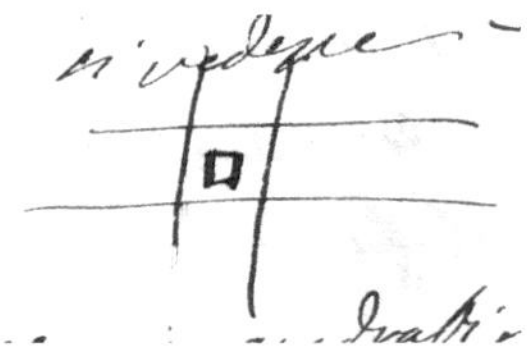

Dis. 5.

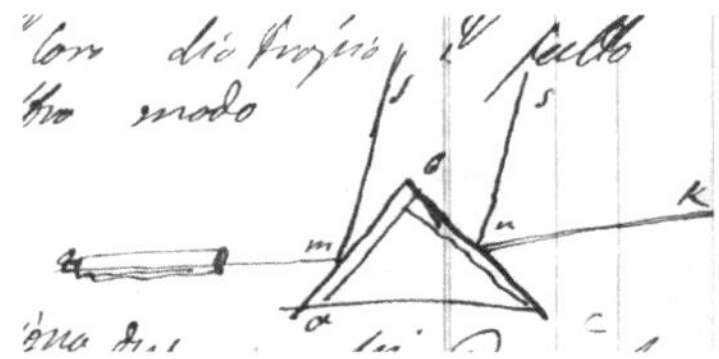

Dis. 6.

Wild distribuì un suo lavoro sul peso del decimetro cubo di acqua che mostra quanto sia difficile averlo, onde è meglio avere un chilogrammo artificiale, senza ridurlo alla natura.

[**17r**] Seduta al Conservatorio [*di Arti e Mestieri*]. Letto il processo verbale, Jacobi[31] pretende che la commissione nominata ieri è stata superflua e offensiva agli altri membri. Si fanno lunghe discussioni la cui conclusione è che tutti i membri potranno presentare i loro lavori alla commissione, ma resta fissa la decisione anteriore con 10 voti contro 8. Molti astengonsi dal votare. Indi si passa alla proposta degli studi da fare sul chilogrammo, e si fissano i seguenti punti da studiare:

1° il chilogr[ammo] deve esso dedursi semplicemente da quello degli Archivii ovvero esser costruito di nuovo secondo una definizione.

2. ad ogni modo si dovrà determinare il peso di un decimetro cubo di acqua distillata.

[**17v**] 3. di che materia dovrà essere il chilogrammo?

4. di qual forma?

5. si dovrà stabilire il peso nell'aria o nel vuoto, e in che circostanza se nell'aria?

6. Studiare l'influenza del mezzo per ciò che spetta la variabilità del peso?

7. questioni sulle dilatazioni?

8. Ricerche sulle bilancie *[sic]* e strumenti accessorii

La questione complementaria è finalmente quella di studiare le disposizioni da prendere per assicurare la conservazione e lo studio di tempo in tempo dei campioni internazionali.

---

[31] Moritz Hermann von Jacobi, fisico e ingegnere (vedi Diario A, "Esposizione del 1867", nota 72).

Dopo si diedero notizie sui grossi cristalli di quarzo affumicato che si trovano a Berna de' quali il più lungo sta [**18r**] nel museo di Berna e ha $1^{m}.12$ di lunghezza alle punte. Gli altri [vedibili?] ancora sono più corti. Il più grande di questi è $0^{m}.90$, ma si dubita siano omogenei. Morin crede questo tipo inutile, perché sempre bisogna usare delle materie facili a ritrovare. Con ciò però esso stesso si pregiudica, perché il metro di platino nuovo costerà loro 5000 franchi, e tutti non potranno farlo certamente.

La conferenza così è dichiarata finita e domani si riunirà solo per sentire il processo verbale.

Bisogna qui dire una cosa. I francesi non si sono [*per*] niente [*com*]portati bene, si possono scusare perché non hanno più la testa, ma è certo che, dopo averci convocati, doveano almeno restare al loro posto. I membri della [**18v**] commissione almeno doveano esser presenti; l'unico che ha assistito sempre, oltre Tresca e Morin, è stato Faye, ma vi ha assistito da ragazzaccio in scuola, facendo pupazzi continuamente e segnacci, e poi quando era fatta la votazione, ed esso stesso avea votato, pretendeva che si ritornasse da capo perché, diceva, era stato sorpreso. Ma messa ai voti questa pretensione ebbe una sfavata generale. Mathieu non è venuto le due ultime volte, e non ha presieduto, forse per stizza che le cose non andavano a modo suo. In generale, io credo che se il comitato non fà *[sic]* meglio, il metro si farà aspettare assai.

Ibanez consultato nel [**19r**] modo di legare la base, insiste di compire l'esagono di Decimo, nel caso che non si possa avere la diagonale, perché così si faranno le altre diagonali che compenseranno quella che è mancante.

13 agosto

Seduta al Cons[ervatori]o *[ill.]* C[ommissi]one

Letto il processo verbale della seduta precedente senza osservazioni di importanza, il Gen[erale] Morin ringrazia l'assemblea con voce commossa in fine che gli tronca le parole. Riconosce la cortesia, gentilezza, e quiete con cui sono state trattate le questioni, e dice questo ammirabile, specialmente in tempi come sono questi ... e qui scoppia in pianto! È veramente un buon galantuomo e vero soldato di buon cuore.

[**19v**] Il presidente ringrazia la sezione francese specialmente del bel lavoro fatto di preparazione, e soprattutto M[onsieur] Tresca pei suoi rapporti verbali sì ben fatti. Veramente erano ammirabili.[32]

La sessione è dichiarata finita. Si invitano [*i membri*] per lunedì a vedere le macchine da 9 or[e] a ½dì *[= mezzodì*].

---

[32] *Commission International du Mètre, Session de 1870, Procès-verbaux des Séances*, Paris, Librairie Polyrechnique de J. Baudry Editeur, 1871.

Così tutto è ito in fumo.

La mattina [*io*] era stato a Montsouris,[33] e vi ho veduto una miseria. L'osservatorio è costituito da quel casotto di legno che formava all'Esposizione [*del 1867*] il preteso palazzo del Bey di Tunisi, e che è una mostruosità. Senza commodi di nessuna specie. Non si può scaldare in inverno, e vi si bolle nell'estate. Niente di particolare, [**20r**] salvo una gran batteria di termometri che, per renderli ben sicuri che diano la temperatura dell'aria, sono cinti molto da vicino da un boschetto di piante verdi, ellere, cipressi, ecc. ecc., come se queste non evaporassero e non facessero così mutazione di temperatura. Del resto il sito è bello perché sta in un bel parco isolato, con commodo di farvi giardino botanico ecc.

Ma anche qui il diavolo s'è mischiato. Delaunay[34] volendo disfarsi della meteorologia all'osservatorio astronomico, vorrebbe rinunziarla a Montsouris, ma ritenendo per sé i fondi che ha dal governo per questo fine. A questo fine vorrebbe mettere alla porta il povero Ch[arles] S[ain]-te Claire Deville[35] che ha faticato tanto per questo casotto, e decoratolo di un bel titolo, inviarlo [**20v**] con una pensione, e l'onore di pres[ident]e di una commissione di perfezionamento, mentre poi Marié-Davy[36] avrebbe la direzione. Tutta questa polenta è maneggiata da questo intrigante di M[ari]é Davy che dopo aver fatto saltare Leverrier[37] vuole far saltare Deville per mettervisi esso. Delaunay gli dà di spalla per levarselo dall'osservatorio, ove è molto incommodo.

La mattina visitai pure il laboratorio chimico di Henry Deville,[38] ma lo trovai tutto morto. Nessun lavoro in attività, e lui più morto che vivo per le tristi notizie di famiglia. Mi mostrò il suo laboratorio in ferro, specie di gran calderone in cui [**21r**] l'aria può condensarsi a 3 atmosfere senza difficoltà, e dove ha già fatto alcune sperienze, che hanno confermato le mie viste, cioè che lo spettro cambia alla temperatura, e questa colla pressione. Mi diede un pezzetto di Tallio.

Alla sera visitai l'Osservatorio imperiale dove il solo che vi si trovava era Delaunay, gli altri essendo alle Mairies per prendere i nomi de' volonta-

---

33 Presso il parco di Montsouris, a sud di Parigi, era stato allestito nel 1869 un osservatorio per la meteorologia agraria.

34 Delaunay era da pochi mesi direttore dell'Osservatorio di Parigi (vedi Diario A, "Esposizione del 1867", nota 30).

35 Vedi ivi, nota 24.

36 Hyppolite Marié-Davy era incaricato del servizio meteorologico presso l'Osservatorio di Parigi (vedi ivi, nota 48).

37 Urbain Leverrier era direttore uscente dell'Osservatorio di Parigi (vedi ivi, nota 11).

38 Vedi ivi, nota 23.

ri e de' levati in massa. Vi era Hirsch, e ci fece vedere il nuovo siderostato di Foucault[39] che in fondo non è che un eliostato con lo specchio di circa 33 centimetri. Si fanno grandi preparativi per installarlo, ma non possono usare che un cannocchiale di 6 pollici al più. Delaunay a tutte le questioni di Hirsch [**21v**] rispondeva evasivamente, col dire che farebbe, direbbe, e che avea molto da fare a discentrare ciò che era troppo concentrato, e a separare la geodesia, e la meteorologia ecc.

Ci fece vedere il bagno di mercurio che è una bella macchina, perché il mercurio esce da una pompa in cui è compresso con una vite e riempie un piatto di ferro. Dice che con un poco di pazienza si può usare anche a Parigi, e che è un gran problema quello di trasportare l'osservatorio – Cioè comincia a battere in ritirata – Ma in fondo si vede che esso sta volentieri in Parigi, e così si farà sempre secondo me da costoro, che non cercano [**22r**] il vero vantaggio della scienza, ma solo a scavalcarsi l'un l'altro.

15 agosto

Visita al Conservatorio, e ai comparatori. Sono trovati tutti poco soddisfacenti, e senza controllo. Les poupées sono o semplici o soggette a movimenti. I carretti sono tali che fanno viaggi spettacolosi, e perché? non si capisce come non abbiano adottato il sistema di Ramsden[40] a due microscopii. Il mettere poi a 0° l'osservatore non è piaciuto a nessuno, e Tresca confessa che là dove sta la persona vi è ½° di più. Ora, fino a un mezzo grado si può avere in una camera qualunque senza tante spese, e il [**22v**] bagno può stare a zero [*gradi*], senza che l'osservatore vi sia così sagrificato.

Insomma hanno speso molto, senza costrutto. La camera imbottita contiene una 2ª camera di rame che ha costato [*sic*] un orrore e poi con che prò??

Tutti i commissarii disapprovarono.

Ci mostrarono il sistema di misurare le dilatazioni di Fizeau[41] con gli anelli colorati. Ma esso non può dare che le dilatazioni differenziali, a quello che mi sembra.

Il principio è delicato e buono, ma non è finora applicato nel modo pratico migliore che può convenire. Vi è molto da [**23r**] fare in questo, per ridurlo pratico ai modi usuali.

---

39 Vedi Diario A, "Esposizione del 1867", nota 49.

40 Jesse Ramsden (1735-1800), celebre costruttore londinese di strumenti scientifici del XVIII secolo.

41 Armand Hyppolite Fizeau (1819-1896), fisico, inventore di un dilatometro ottico.

16 Ag[osto]

Si parte per Ginevra alla sera del 16, dopo aver presentato il libro del Soleil[42] all'Accademia [= *Académie des Sciences*] che fu una seduta brevissima senza nulla concludere.

Visitata la macchina a graduare di Secretan.[43] Viste queste macchine perdo la fiducia nelle graduazioni.

17. Arrivo a Ginevra

Da Plantamour[44] sento che gli strumenti sono a Berna, e che il custode direttore dello stabilimento è alla frontiera, quindi, risolvo ritornare a Roma. Plantamour non crede che la divergenza delle osservazioni di magneti di 0.^{s}3 possa derivare dalle perturbazioni magnetiche [**23v**] ma lo crede effetto della co[l]limazione. Non potendosi far nulla, parto pel *[passo del]* Sempione.

18 [agosto].

Traversata del Sempione di giorno. Veduta veramente magnifica.

Il tempo è poco favorevole dal lato della Svizzera, ma diventa buono sul Sempione. La salita da Briga si fa per una serie di burroni che ci circondano. Le montagne sono di calcaria arenosa nera, che si và trasformando in calcare miceneo, e poi diviene definitivamente Gneiss. Questo Gneiss è già un poco granitiforme sulla cima della gola, e diviene più dichiarato granitico, a mano [**24r**] a mano che si scende verso il confine italiano. La strada è tagliata al fianco di un torrente, che ha le pareti a picco dell'altezza di 1000 metri circa o almeno 900 metri. Spessi tunnel e mezze gallerie fanno sì che si scopra bene la struttura del granito che è qui dappertutto <u>perfettamente stratificato</u>. Non vi può esser dubbio su di ciò. È così evidente il passaggio dal gneiss al granito che non può negarsi, e lo stato fissile del granito è manifesto dall'industria con cui lo lavorano e lo spaccano quasi come la lavagna. Per me è cosa certa la stratificazione del granito, come [**24v**] lo è quella delle nostre marne. Se ne fa di tutto con questo granito, staggionate *[sic]*, pali da telegrafo, ponti, lastre, ecc. ecc. e forse è più economico del travertino. Si spacca con grande facilità e tornerebbe conto portarlo a Roma. Lo credo.

Il bello è dal Sempione al punto culminante del convento fino alla valle d'Ossola. Il fiume mostra tra i sassi tutte le mostre delle rocce e le loro graduazioni e [*per*]fino masse di rocce ferruginose.

---

42 Vedi nota 9.

43 Auguste François Secretan (1833-1874), costruttore parigino di strumenti scientifici.

44 Vedi Diario A, "Esposizione del 1867", nota 171.

Forse il fuoco non ha fatto altro che rammollire le masse e permettere alle molecole di pren[**25r**]dere le loro forme e riunirsi in cristalli più o meno esatti. Ma non ha potuto distruggere le separazioni di stratificazione. Ciò forse è avvenuto solamente in qualche nucleo ove la forza è stata più efficace, come a Bassano, ove la stratificazione è meno apparente, ma non meno reale.

Alla staz[ione] di Arona erano 3 colonne [*militari*] del S[anto] Padre.

20 Agosto

Arrivo a Milano da Arona.

Visita a Schiaparelli.[45] Questa testa gloriosa è molto stuonata. È infastidito della geodesia, e di tutto. Egli disse che avrebbe fatto il possibile per far prevalere la conclusione che l'Italia ha fatto abbastanza per la misura del grado, e che [**25v**] non deve far altro! L'Italia, diceva esso, non ha danari da pagare in triangolare senza scopo, e determinare la figura del mare in tempesta come è la terra sotto il merid[ian]o centrale. Si vada nell'Australia a lavorare ecc. Non ha in tutto torto, ma spinge le cose all'eccesso, e adesso verrebbe ad escludere noi. Che ci sia al fondo questo fine? perché esso è radicale fracido. Vedremo se vince. Ho scritto su di ciò a Ricci.

21 Ag[ost]o

Arrivo a Reggio [*Emilia*], visitata la famiglia.

22 Ag[ost]o

Visita all'osserv[atori]o di Modena. Ha molti belli strumenti di [**26r**] meteorologia, ma non sono per nulla straordinarii. Sono quelli di Salleron[46] in cui nulla si rileva sul posto, e solo si vede dopo rilevato. Il termometro non lavora bene. Il resto sono ciapotte. Il [*elettrometro*] Bifilare di Palmieri[47] non lavora che nelle tempeste.

Vado quindi a Firenze per la porretta[na], magnifica strada in cui si salgono almeno 250 metri. Si ha la vista superba di Pistoia e la valle dall'alto. Tutto tunnell e ponti.

Indi per nella notte a Roma.

23 [agosto]

Visita al Card[inale] Berardi[48] che non si capacita del metro che sia tanto difficile a fare.

---

45 Giovanni Virginio Schiaparelli (1835-1910), direttore dell'Osservatorio di Brera.

46 Vedi Diario A, "Esposizione del 1867", nota 44.

47 Luigi Palmieri (1807-1896), fisico e inventore di un tipo di elettrometro bifilare per la misura dell'elettricità atmosferica.

48 Vedi nota 5.

24 [agosto]. [*Visita*] al Card[inale] Antonelli,[49] molto scoraggito per le cose di Francia.

[**26v**] 25 [agosto]
Dato conto alla Commissione di tutto il passato.

[49] Vedi nota 3.

LA SPEDIZIONE SCIENTIFICA IN SICILIA PER L'ECLISSE TOTALE DI SOLE DEL 1870

Il 22 dicembre 1870 si verificò un'eclisse totale di sole visibile dalla Sicilia sud-orientale. In previsione dell'evento, il Governo italiano nominò un'apposita commissione per organizzare una spedizione scientifica che avrebbe osservato il fenomeno.[1] L'occasione era imperdibile per confermare i risultati delle due precedenti eclissi del 1868 e 1869, in cui per la prima volta erano state effettuate osservazioni spettroscopiche, che avevano evidenziato l'esistenza di righe spettrali (alcune non identificate) nelle protuberanze e nella corona solare.

Grazie alla mediazione di Pietro Tacchini (1838-1905), astronomo modenese in forze all'Osservatorio di Palermo, anche Secchi fu invitato a prender parte alla spedizione:[2] dopo l'esclusione iniziale, dovuta a motivi di opportunità politica (Secchi risiedeva ancora in territorio pontificio, non italiano), prevalse la consapevolezza che la sua presenza ed esperienza avrebbe solo portato vantaggi mentre la sua mancata partecipazione avrebbe suscitato l'indignazione della comunità scientifica internazionale, presso la quale Secchi era molto accreditato.

Sempre convinto dell'importanza di ottenere delle fotografie del fenomeno, così come era stato in Spagna, Secchi riuscì a convincere la commissione ad allestire una stazione astronomica per le operazioni fotografiche, di cui si sarebbe occupato personalmente. Le osservazioni spettroscopiche – di cui Secchi era altrettanto esperto – vennero invece affidate ad altri astronomi, alcuni dei quali da lui opportunamente istruiti. La stazione fotografica fu allestita ad Augusta, nei locali del castello, dove pure vennero collocati gli strumenti di diversi altri membri della spedizione. Strumenti e personale furono trasportati dal "Plebiscito" (Fig. 1), piroscafo della Marina Militare Italiana; oltre alla stazione di Augusta, dove si attestarono Secchi ed altri scienziati (Fig. 2), un'altra stazione astronomica fu allestita a Terranova (l'attuale Gela).

---

[1] I. Chinnici, *L'eclisse totale di sole del 1870 in Sicilia. Lettere di Pietro Tacchini a Gaetano Cacciatore*, Palermo, INAF-Osservatorio Astronomico di Palermo, 2008, pp. 21-72.

[2] I. Chinnici, *Una spedizione scientifica ad Augusta: Angelo Secchi e l'eclissi totale di sole del 1870*, «Bollettino della Società Augustana di Storia Patria», n. 5, 2020, pp. 13-32.

Fig. 1. Il "Plebiscito", piroscafo della Marina Militare Italiana che trasportò strumenti e personale della spedizione (*crediti*: Archivio Storico INAF-Osservatorio Astronomico di Palermo).

Fig. 2. Il personale della stazione astronomica di Augusta; riconoscibile, seduto al centro, p. Secchi (*crediti*: Archivio Storico INAF-Osservatorio Astronomico di Palermo).

Poco prima della partenza per la Sicilia, tuttavia, si verificò un importante evento politico, che condizionò profondamente la vita di Secchi: il 20 settembre 1870, la presa di Porta Pia mise fine alla questione romana, e Roma fu annessa al Regno d'Italia. Questo nuovo assetto politico metteva a rischio la sussistenza non solo del Pontefice Pio IX, ma anche degli Ordini religiosi: era infatti ben nota la politica di confisca dei beni ecclesiastici che il Governo italiano aveva attuato nei territori dell'ex-Stato Pontificio, man mano che il processo di unificazione andava avanzando.

Questa preoccupazione traspare da tutto il diario di Secchi, come pure l'amarezza per un increscioso incidente che lo vide protagonista. A Secchi, infatti, il subentrato Governo italiano aveva offerto una cattedra di astronomia fisica all'Università La Sapienza, che egli aveva accettato – a condizioni che però non furono poi rispettate. Secchi sente il bisogno di raccontare questo episodio nel suo diario di viaggio, tornando su quanto accaduto prima della sua partenza. In generale, traspare dalle pagine un certo malessere, quello di non sentirsi a suo agio in un contesto fortemente anticlericale, presente anche nella comunità astronomica italiana, che però lo rispetta come scienziato. Da Palermo partirà quindi la lettera ufficiale di rinuncia alla cattedra alla Sapienza, una decisione che aprirà a Secchi prospettive di grande incertezza e precarietà, vissute nel timore di rappresaglie del Governo, di espulsione dal Collegio Romano e di confisca dell'Osservatorio.

Sul piano scientifico, la spedizione ebbe modesti risultati, a causa delle condizioni meteorologiche avverse. Secchi riuscì ad eseguire alcune osservazioni (Fig. 3) e ad ottenere alcune fotografie, ma non ne rimase soddisfatto. Vennero osservate alcune righe spettrali nella luce coronale, confermando così le osservazioni precedenti, ma non fu possibile determinarne con sufficiente precisione la posizione.[3] Malgrado ciò, la spedizione ebbe comunque un esito importante per Secchi, perché avviò la collaborazione con Tacchini, da lui istruito nelle osservazioni spettroscopiche solari. Dal loro sodalizio umano e scientifico,[4] nell'ottobre del 1871, nascerà la Società degli Spettroscopisti Italiani,[5] la prima società scientifica specificamente dedicata all'astrofisica, da cui deriverà l'attuale Società Astronomica Italiana.[6]

---

[3] I. Chinnici, *Il contributo di p. Francesco Denza alla ricerca astronomica*, in *Padre Francesco Denza nel centenario della morte*, a cura di C. Casacci, R. Cauda, D. Frigerio, G. Rinaldi, Torino, Regione Piemonte-Settore Informazione Stampa Relazioni esterne, 1995, pp. 87-100.

[4] I. Chinnici – A. Gasperini, *Alle origini dell'astrofisica italiana: il carteggio Secchi-Tacchini 1861-1877*, Firenze, Fondazione Ronchi, 2013.

[5] I. Chinnici, *The Società degli Spettroscopisti Italiani: birth and evolution*, «Annals of Science», vol. 65, 2008, pp. 393-438.

[6] I. Chinnici, *Così nacque la Società Astronomica Italiana*, «Il Nuovo Saggiatore», vol. 36 (2020), pp. 63-74.

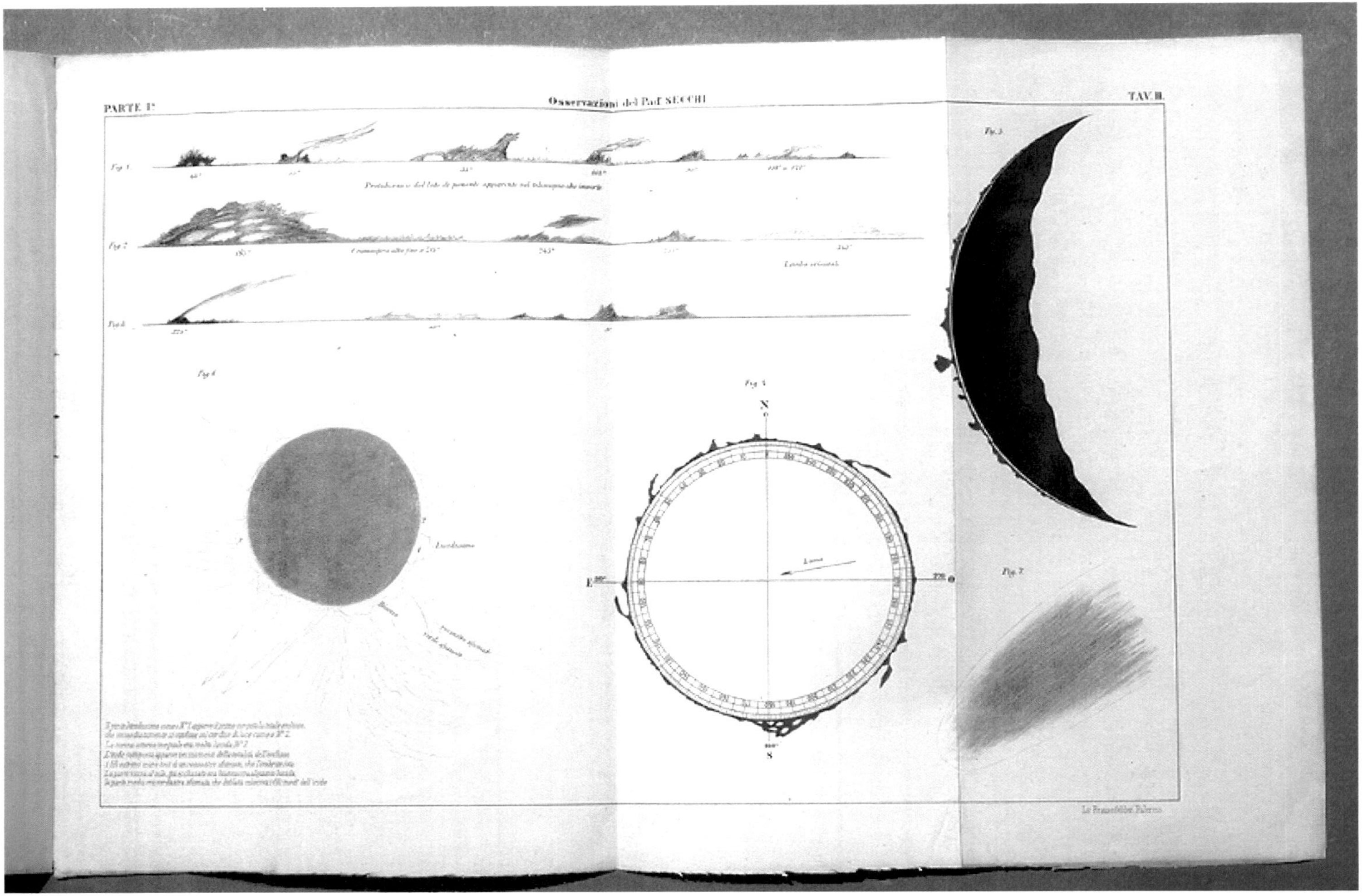

Fig. 3. Osservazioni di Secchi relative all'eclisse totale di sole del 1870 (da: "Rapporto del prof. P. Angelo Secchi", in *Rapporti sulle osservazioni dell'ecclisse totale di sole del 22 dicembre 1870 eseguite in Sicilia dalla Commissione italiana*, a cura di G. Cacciatore, Palermo, Stabilimento Tipografico Lao, 1872, pp. 15-30, tav. II; *crediti*: Biblioteca INAF-Osservatorio Astronomico di Palermo).

Nel diario della spedizione Secchi annota inoltre vari particolari sulle visite compiute a Palermo, Messina, Siracusa, Catania, Acireale e Aci Castello, che evidenziano i suoi interessi storici, archeologici e naturalistici.

Trascrizione Diario C(2) - APUG FS 23.II.C (ff. 27-56)

[27] "Viaggio in Sicilia per l'ecclisse (1870)"

31 8bre *[= ottobre]* 1870

Consegnate 6 casse a Caldani[7] da recarsi a Civ[it]a V[ecchi]a da imbarcare sul Plebiscito.[8] Il gov[ern]o Ital[ian]o ha pagato tutte le 7000 lire che avea promesso.

Me[me]nto – far fare osservazioni spettroscopiche della corona senza il cannocchialetto coi [?]

5. 9bre *[= novembre]*. Partenza da Roma per Napoli. Arrivo a sera.

6 [novembre]. Visita all'osservatorio, e combinate varie cose con Nobile.[9] Ma lo spettroscopio non è ancora applicato in ordine. [*segno diacritico:* 7.9bre *(= novembre)*] Si danno le istruzioni per ciò agli assistenti e meccanico. Visitato Pompei, ove sono stato accompagnato da Fergola[10] che *[mi]* ha usato ogni cortesia.

[27v] 8 [novembre]. Visita all'istituto tecnico,[11] e al macchinista de Palma[12] dove si vedono i pezzi dell'equatoriale da montarsi che ha 6 pollici ½. La macchina di rotazione non mi soddisfa. Il piede è di ferro, e non capisco come prenda piede questa sciocca moda francese. Visitato

---

[7] Probabile agente di trasporto.

[8] Il 'Plebiscito' era il piroscafo utilizzato per la spedizione scientifica governativa; fu in servizio dal 1856 al 1875 e, in quel periodo, ne era capitano il tenente di vascello Foscolo (*Rapporti sulle osservazioni dell'ecclisse totale di sole del 22 dicembre 1870 eseguite in Sicilia dalla Commissione italiana*, a cura di G. Cacciatore, Palermo, Stabilimento Tipografico Lao, 1872, p. 10).

[9] Arminio Nobile (1838-1897), astronomo presso l'Osservatorio di Capodimonte.

[10] Emanuele Fergola (1830-1915), astronomo presso l'Osservatorio di Capodimonte.

[11] L'Istituto Tecnico di Napoli, fondato nel 1862, era una delle più moderne scuole dell'epoca ed aveva una sezione fisico-matematica molto ben attrezzata (F. Di Vaio, *L'istruzione tecnica a Napoli dall'Unità alla legislazione giolittiana*, «Terra di Lavoro», a. IX, n. 1-2, 2014, pp. 1-30: 16).

[12] Filippo de Palma (1813-1873), costruttore di strumenti scientifici a Napoli, insieme al figlio Domenico (*ivi*, p. 14).

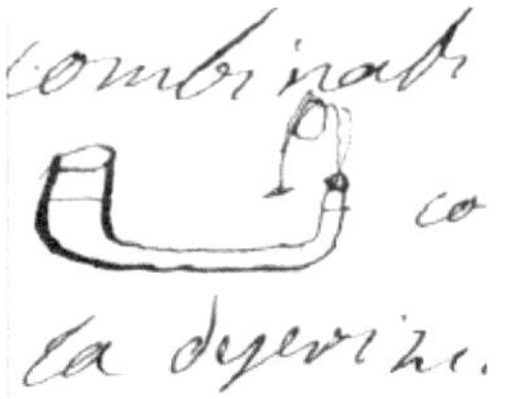

Dis. 1.

Schiavoni[13] e Palmieri[14] che [*mi*] fa vedere il suo sismometro, che è importante essendo un piccolo strumento assai commodo. Sono bene combinati i 4 tubi a sezione diversa *(Dis. 1)* con piccolo pesetto ecc. vedi la descrizione che ne ha dato.[15]

La sera si sentono le tristi notizie di Roma sulla minaccia di espulsione dei Gesuiti,[16] e perciò si prende la determinazione di inviare colà subito F[ratel] Marchetti[17] acciò provveda in caso di urgenza o di violenza.

[**28r**] 9 [novembre]. Partito Marchetti al mattino per Roma, e io resto fino a sera. Veduto P. Valente[18] (via S[an]ta Chiara n° 2) veduto Palomba[19] (vico belvedere palazzo [...)]

Alla sera si parte con mare bello.

10 [novembre]. Arrivo a Palermo dopo buona traversata, e sono ricevuto con grande cordialità da Cacciatore,[20] veduto con piacere il bell'osservatorio, benché il locale non sia in tutto né commodo, né adattato, specialmente pel *[cerchio]* meridiano, che però è magnifico.

11 [novembre]. Scrivere a Marchetti per l'aurora[21] – per le macchie solari.

[segno diacritico, indicatore]

Siccome molti si occupano adesso nei fogli di me, e mentre alcuni credono che io abbia disonorato la Compagnia *[di Gesù]* accettando di restare

---

13 Federico Schiavoni (1810-1894), geodeta, era membro della Commissione Geodetica Italiana.

14 Luigi Palmieri (vedi Diario C(1), "Primo viaggio a Parigi ...", nota 47) era direttore dell'Osservatorio vesuviano dal 1854; inventò diversi strumenti, tra cui un sismometro elettromagnetico ed un elettrometro bifilare a induzione per la misura dell'elettricità atmosferica.

15 L. Palmieri, *Il sismografo elettromagnetico*, in *Annali del R. Osservatorio meteorologico Vesuviano*, 1859, pp. 20-24.

16 L'espulsione sarebbe stata conseguente alla confisca del Collegio Romano, come di tutti i beni ecclesiastici della città, misura attuata in tutti i territori già annessi al Regno d'Italia.

17 Il gesuita Francesco Marchetti era assistente di Secchi all'Osservatorio del Collegio Romano e suo fidatissimo amico (vedi Introduzione).

18 P. Nicola Valente (1827-1892), gesuita, poi fondatore dell'Istituto Pontano.

19 Potrebbe trattarsi dell'avvocato Carlo Palomba (1830-1905), futuro deputato alla Camera dal 1880 al 1882.

20 Gaetano Cacciatore (1814-1889) era direttore dell'Osservatorio Astronomico di Palermo.

21 Nel 1870 si verificarono diverse aurore boreali, visibili anche a Roma e in Sicilia; Secchi citerà le osservazioni da lui compiute a Roma durante l'aurora del 25 ottobre per adattare lo spettroscopio in vista delle osservazioni della luce coronale ("Rapporto del prof. P. Angelo Secchi", in *Rapporti sulle osservazioni dell'ecclisse totale di sole* (cit. nota 8), pp. 15-30: 23).

all'osservatorio *[del Collegio Romano]*; altri, credono avermi fatto un gran favore lasciandomici, io credo bene di notar le cose come sono andate.

[**28v**] Appena entrati i piemontesi in Roma, lo stesso giorno alla sera o al più il giorno appresso venne da me Cipolletti[22] con una lettera di Cantoni,[23] segretario gen[era]le dell'istruzione pubblica al Ministero, offrendomi in tutto i suoi servizi, e dicendo che il Cipolletti svolgerebbe a voce la sua idea.

Questi mi disse che il ministro[24] desiderava che io restassi all'osservatorio e che io avrei avuto da loro ogni riguardo possibile e soldo da professore, ecc...

Risposi che la cosa era grave, e che nel momento non poteva dare risposta definitiva, che però io avrei preferito sempre di prestare i miei servizi alla mia patria che altrove, salve le mie convenienze. Mi tenni così sulle generali, benché avessi [**29r**] giorni prima scandagliato l'animo del *[Superiore]* Provinciale[25] col quale avea io più volte pranzato in Infermeria e che mi avea detto di fare il possibile di sostenere i miei diritti personali all'osservatorio, e farmi ricompensare i capitali che avea speso in questo stabilimento, [*per*] i quali, a 250 scudi per anno provento del Coll[egio] Filosofico, a premii, propine, compensi, e gran premio di 6000 franchi avuti a Parigi, il mio conto personale era di 8 in 9 mila scudi.

Due giorni dopo venne da me Diamilla[26] che mi ripeté la stessa storia, con altra lettera di Cantoni e nello stesso giorno venne Brioschi[27] <u>incognito</u>, cioè senza dire che esso veniva d'ufficio, poiché nulla disse e pareva voler visitare lo stabilimento come uno de' [**29v**] tanti che aveano accompagnato l'armata [*italiana*], e che venivano colà più a frotte.

A Brioschi feci intendere le condizioni generali dello stabilimento del collegio, la scorsa rendita che avevamo, e che per 50 professori non era che 1000 scudi al mese, e questi anche assegnati come rimborso di beni che avea prima il Collegio Romano. – Fu da lui visitata la specola, e il Gab[inett]o fisico, la biblioteca, e la casa, e mi mostrò una lettera di

---

22 Domenico Cipolletti (1840-1874), matematico e aiuto astronomo presso l'Osservatorio di Arcetri.

23 Giovanni Cantoni (1818-1897), fisico e uomo politico.

24 Ministro della Pubblica Istruzione era allora Cesare Correnti (1815-1889), tra i fondatori della Società Geografica Italiana.

25 Il Superiore della Provincia Romana dei Gesuiti era all'epoca p. Gaetano Tedeschi (1820-1891).

26 L'ingegnere Demetrio Emilio Diamilla Müller (1826-1908) fu una controversa figura, implicata in numerosi affari diplomatici segreti.

27 Francesco Brioschi (1824-1897), matematico e senatore del Regno d'Italia.

Sella[28] in cui mi diceva di occuparmi di conciliazione e di restare all'osservatorio. Risposi che per la prima parte io non poteva occuparmene, essendo impossibile la conciliazione nelle basi da essi presentate, e non essendo[**30r**]mi io mai occupato di politica, non avrei potuto far buona riuscita. [*aggiunta:* E anche perché essi benché di buona volontà (sic), non potevano mantenere le loro promesse per la forza superiore della rivoluzione da cui erano dominati.]

A Diamilla poi che per la 2ª volta venne a insistere e chiedere la risposta della lettera di Cantoni speditami per Cipolletti, io risposi che la cosa bisognava che fosse impiantata in termini ben più chiari e positivi che una semplice conversazione. Ed avendomi esso detto che parlava d'ufficio, allora io francamente gli dissi che = Io preferiva sempre servire il mio paese all'andarne fuori, ma ciò purché fosse colle debite convenienze del mio decoro. Primieramente avere io dei doveri, e degli obblighi: questi erano regola del mio agire. È mio obbligo di non far nulla contro la mia coscienza, quindi io [**30v**] non avrei fatto giuramenti a chicchessia. Secondo, avea dei doveri verso il Papa e la Compagnia [*di Gesù*], e io non avrei mai fatto atto alcuno sconveniente verso di loro, o che non fosse di loro piacere. Siccome però sapeva che il restare all'osservatorio dietro tali patti non era loro discaro, io sarei restato. Tra le convenienze poi io allegava che volevo avere libertà sulla scelta del personale di mio aiuto e servizio all'osservatorio, perché non volevo restare in mano di persone che non fossero di mia fiducia, né cacciare quelli che si erano finora prestati ad ogni mio cenno con tanta premura.

Credeva io di poter domandare tali condizioni [**31r**] anche pel titolo che io non riceveva un osservatorio qualunque, a cui io fossi estraneo ed affatto indifferente. Esser l'osservatorio frutto totale di 21 anni di mio lavoro, e del credito che mi era saputo procacciare colle mie fatiche. Averci inoltre sagrificato tutte le mie propine, premii e provenienze in danaro di ogni specie, talché io non poteva essere indifferente a quest'opera come un estraneo, né un professore qualunque. Il lasciarmi all'osservatorio, valeva quanto lasciarmi in casa mia, perché questa casa mi era stata fatta a titolo di favore e ricompensa delle mie fatiche e del mio credito. In stretti termini non esser questo un favore, ma un atto di giustizia, [**31v**] che se gli altri erano cacciati, esser questa una vera ingiustizia, e quindi l'agir meco così, una ingiustizia di meno.

Questo linguaggio franco io tenni al Diamilla, il quale mi disse che l'avrebbe riferito al Ministro. E parve che ve lo riferisse davvero, perché in

---

[28] Quintino Sella (1827-1884), scienziato e statista, fu più volte Ministro delle Finanze del Regno d'Italia.

seguito giunge lettera di Cantoni, in cui diceva che io sarei rispettato nelle mie convinzioni di coscienza, e non avrei obbligo di giuramento e che avrei fatto all'osservatorio ciò che avessi voluto.

Intanto passava il tempo e si accostavano le scuole, e i superiori tennero consulta in cui risolvettero di fare le scuole in casa privatamente ai soli collegi. Mi incaricarono [**32r**] di andare da Brioschi privatamente a scandagliare le intenzioni.

Vi fui pertanto il giorno seg[uente] in cui egli mi accolse veramente con ogni cortesia, e dopo varii discorsi delle cose di mia pertinenza, ecclisse, misura trigonometrica, osservatorii meteorologici, ecc. cadde il discorso sulle scuole, domandandomi esso se io avrei accettato una scuola in Sapienza. Dissi di sì, ma che non sapendo se quest'altr'anno sarebbero continuate o nò le scuole in collegio, avrei avuto prima desiderio di sapere questo per mia norma.

Esso mi rispose, non esservi veruna difficoltà a continuare le scuole in collegio, e che i Gesuiti potevano fare una scuola privata e libera come gli Scolopii a Firenze, perché il governo volea contentar tutti. [**32v**] E svolse questa materia, soggiungendo perfino che era vero che noi avevamo mille scudi al mese dal governo, ma questi non esser per l'istruzione ma solo in compensi dei beni tolti, a pagarsi dalla Camera, e non dal Ministero dell'Istruzione.

Io recai a casa queste notizie che furono accolte con grande gioia. Ma per più sicurezza impegnai il Rettore[29] e il [Padre] Provinciale ad andare essi stessi da Brioschi. Vi andarono effettivamente, ma trovarono altra scena. Furono accolti con svogliatezza e seguitando a legger carte, poi venuto a degnarsi di prestar loro attenzione (uso Giacomelli[30] e altri pascià) rispose che la [**33r**] cosa era difficile, che per parte sua era avverso a tutti i così detti enti morali, ma che avrebbe parlato col luogotenente. Il risultato di questa conferenza fu che i nostri videro perduta ogni speranza, e di me parlavasi in casa dai più benevoli come di un balordo che era stato gabbato; da altri che io era già cotto e mezzo liberale, quasiché avessi riferito ciò che non era.

Questo mi seccava assai, e dovendo io andare dal Brioschi per la mia partenza, volli dirgli il fatto mio. Lo chiesi adunque che mi dicesse che cosa si sarebbe fatto del Collegio Romano, e se al mio ritorno dalla Sicilia avrei potuto ritrovare la mia famiglia [*religiosa*]. Egli mi disse che la cosa

---

29 Rettore del Collegio Romano era all'epoca p. Pietro Ragazzini SJ (1827-1877).

30 Il deputato Giuseppe Giacomelli (1836-1911) era Consigliere di Luogotenenza per le Finanze durante il governo provvisorio di Roma, retto dal generale Alfonso Lamarmora (1804-1878) subito dopo la breccia di Porta Pia.

era assai [**33v**] grave, che stava studiando se il Collegio Rom[an]o fosse o no proprietà della Compagnia [*di Gesù*]: se fosse convento o luogo d'istruzione, e con che titoli noi ci stavamo. – Risposi che gli studi glieli avrei risparmiato io, perché era fuor di dubbio che il Collegio Romano fu fondato da S. Ignazio[31] e S. Francesco Borgia,[32] che i fondi furono dati in parte da questo quando era duca di Gandia, e in parte dalla nipote di Paolo quarto,[33] e che vi fu un grave reclamo della famiglia di questa signora Contessa della Tolfa,[34] quando il *[Preposito]* Gen[erale] Acquaviva[35] volle fare la cortigianeria di dare il merito della fondazione a Gregorio XIII,[36] e che esso avea fatto la casa nell'[**34r**]area nostra, e poi datala in perpetuo, onde né governo né municipio avervi alcuno diritto.

È vero – ripigliò esso – ma i papi l'hanno poi tolta, e poi ridato a piacere, il che prova che non può esser loro [= *dei Gesuiti*] la proprietà.

Sta bene – dissi io, – ma ciò nei momenti in cui la Compagnia cedeva a forza maggiore e ad atti d'autorità che io non voglio discutere; ma è vero altresì che ci fu restituito sempre, con pieni diritti di postliminio. Il certo è che esso fu fatto come studentato de' nostri giovani religiosi in prima intenzione, poi de' Germanici, e quindi, ma in secondo ordine, fu di scolari esterni, talché esso è convento e non istituto governativo né municipale di insegnamento, ma ecclesiastico [**34v**] e pei collegi esteri non potrebbe togliersi senza chiara ingiustizia prima della soppressione degli ordini religiosi.

Oh i collegi esteri, – soggiunse, – bisogna vedere se possono essere tollerati in avvenire dallo Stato, e se debbasi continuare a tenere queste riunioni estere che siano animate dai sentimenti che voi infondete nella gioventù!

Sig[nor] Com[mendatore] – soggiunsi io – se la Chiesa Cattolica ha da continuare a sussistere, se l'unione col Vicario di Cristo ha da continuare nell'Italia col resto del mondo, è necessario che qui si venga ad attingere presso il centro della cattolicità l'istruzione propria della Chiesa. In quanto ai principii che Ella dice non doversi seguitare ad inserire nella gio[**35r**]ventù, io l'assicuro che essi non sono cattivi come vuolsi far credere; né sussiste che la Compagnia sia un ridotto di facinorosi ... *([Replicò:]* Noi non diciamo

31 S. Ignazio di Loyola (1491-1556), fondatore della Compagnia di Gesù.

32 Francesco Borgia (1510-1572), già duca di Gandia e viceré di Catalogna, rimasto vedovo entrò nella Compagnia di Gesù e fu Preposito Generale dell'ordine nel 1565. Venne proclamato santo nel 1670.

33 Papa Paolo IV, al secolo Gian Pietro Carafa (1476-1559).

34 Potrebbe trattarsi di Vittoria (?->1552), figlia di Elisabetta Carafa (sorella di Paolo IV) e di Ludovico della Tolfa.

35 Claudio Acquaviva d'Aragona (1543-1615) fu il quinto Preposito Generale dei Gesuiti.

36 Al secolo, Ugo Boncompagni (1501-1585).

questo – ma.?.) [*Risposi:*] Lo dicono i giornali e cercano farlo credere. Se i gesuiti fossero tali, io non ci starei un'ora. L'assicuro che la gente è buona, e ci si vive bene in mezzo. Lo stato religioso non è sempre un paradiso in terra, ma pure vi si sta contenti, e questo basta per me. L'abitudine di tanti anni oltre altri principii, bisogna rispettarla.

Sta bene, – disse esso, – ma queste sono cose di altro ordine e che bisogna discutere e studiare. Intanto vada, e mi risponda se vuole dare lezioni in Sapienza sulle sue belle scoperte.

[*Secchi:*] Ben volentieri, ma che titolo [**35v**] daremo alla cattedra?

– Quello a cui possa io soddisfare potrebbe essere di Astronomia fisica.

[*Brioschi:*] – Sta bene.

[*Secchi:*] – Ma V[ostra] S[ignoria] farebbe bene a scrivermi un biglietto di invito.

[*Brioschi:*] – Lo farò.

E così ci separammo, senza aver potuto da lui avere nessuna assicurazione sul punto del collegio, che più mi importava, ad onta di molte insistenze che io qui non voglio dettagliare.

Il giorno seguente venne di fatto una lettera a me, in cui mi chiedeva se io voleva accettare la cattedra di astronomia fisica. Io, dopo aver di tutto consultato il *[Padre]* Provinciale, risposi di sì per iscritto. Quelli che ne fossero scandalizzati pensino ciò che mi diceva il Provinciale: [**36r**] Accetti questa cattedra che così Ella sarà libero a non accettare nessun insegnamento nel liceo che si aprirà qui, e così non sarà obbligato a fare un contro altare alle nostre scuole. Perciò io accettai. Riflettei ancora che io non avea avuto nessun invito finora fuori del Collegio, e che per vivere al momento della soppressione, (cosa che non può mancare) io non avrei altro mezzo che o emigrare in America (perché nel Nord la mia salute non reggerebbe) ovvero abbandonare l'osservatorio e vivere da scagnozzo. La risposta de' miei superiori mi tolse di imbarazzo e ne li ringrazio, e la vita triste e isolata che fanno i nostri a Napoli che ho veduto, mi fanno credere che questo è stato per lo meglio mio.

[**36v**] Nel medesimo giorno poi, Brioschi mandò una seconda lettera al Rettore, in cui l'avvertiva che per gli studi di teologia e scienze annesse non vi era difficoltà che si aprissero le scuole in casa, ma che per gli esterni italiani, si avvertisse bene che gli studi fatti presso di noi non sarebbero riconosciuti per entrare nei collegi, licei o università e impieghi dello stato. Questa notizia si comunicasse anche agli esterni e genitori, e fu poi messa nel Giornale *[di Roma]*.

Il tenore di questa lettera era tale che non inibiva il pigliar scolari, ma solo poneva la penale del non riconoscimento. Ora ciò a molti non importava e poi col tempo chi sà dove si sarebbero andate a finire le cose.

[**37r**] Questa lettera, e una esortazione del Papa che scongiurava a non respingere gli esterni dalle scuole fece [*sì*] che i nostri si mettessero con troppa alacrità ad accettare ragazzi quanto più potevano, e contro il deciso della consulta, e contro il mio suggerimento, consigliatomi dal tenore di Brioschi il quale non m'avea voluto dare assicurazione alcuna, onde io gli avvisai di andar cauti e di esigere almeno una domanda in iscritto dai genitori, tutto, dico, fu inutile, e cominciarono a pigliare chi veniva, talché la mattina del 6 *[ottobre]* il collegio fu inondato di ragazzi e di genitori. Era una splendida dimostrazione e protesta. Ma inde irae, e la sera si fece la commedia della dimostrazione per la piazza, e tutto fu così [**37v**] accomodato, e proibito ai ragazzi italiani di venire da noi, mentre si gridava libertà di istruzione per le vie da quelli che ci cacciavano. Viva la logica. Ma peggio è da aspettarsi.

15 [novembre]. Da alcuni giorni sono a Palermo, dove ricevo molti onori e complimenti. Il sig[nor] m[arche]se Spedalotto[37] è molto cortese verso di me, e mi fa ogni gentilezza, inviandomi la carrozza pel passeggio in sua compagnia.

Sono stato questa mattina alla cattedrale dove i canonici mi hanno fatto un'accoglienza straordinaria, giacché hanno fatto scoprire l'urna di S[anta] Rosalia,[38] cosa che non si fa che due volte l'anno, e poi ai Principi di Casa Reale! Vi sono state difficoltà, mi dicevano, [**38r**] non piccole ma superate, essendo le chiavi tenute dal Municipio, e dal capitolo. Io non sapeva nulla di queste mene, né avea domandato tal favore. Poi vollero farmi vedere la chiesa e tutte le curiosità di sagrestia, che sono veramente superbe. Essendovi oggetti d'arte di tutti i secoli, e principalmente è notabile un diadema di una regina[39] del 11° secolo che fu trovato nel suo sepolcro che è in chiesa, e che è ornato delle pietre preziose all'uso antico mezzo pulite. È una specie di cuffietta a cupoletta bassa come un zucchetto tutta di retina d'oro e perle e tutta coperta di gemme. Vi sono i sepolcri de' Re, diplomi, e altre cose antiche di molto valore, calici d'oro, ecc. La pianeta che usai era di corallo e il calice d'oro gemmato.

---

37 Achille Paternò di Spedalotto (1815-1888), nobile palermitano filoborbonico. In occasione della visita di Secchi, fece realizzare dal noto scultore palermitano Domenico Costantino (1840-1915) un busto in marmo dello scienziato gesuita che collocò nel 1871 nella sua villa di Santa Flavia, presso Palermo, dove è tuttora conservato; I. Chinnici – D. Randazzo, *Angelo Secchi: In the Footsteps of a Jesuit Scientist (Sicily and Calabria, 1875)*, «Atti del XL Convegno annuale / Proceedings of the 40th Annual Conference SISFA», 2020, pp. 101-112.

38 Rosalia Sinibaldi (1130-1166), nobildonna normanna ritiratasi a vita eremitica, la cui santità fu riconosciuta con canonizzazione vescovile nel 1170, è la principale santa protettrice della città di Palermo.

39 Si tratta di Costanza d'Altavilla (1154-1198), madre dell'Imperatore Federico II (1194-1250) di Svevia.

[**38v**] Si è cominciato a montare il meteorografo,[40] e il tempo passa in questo lavoro, e in accomodare l'equatoriale per lo spettrometro.

Si fecero vedere ai professori le stelle principali, che ne restarono storditi, del resto niente altro fu possibile di fare essendo l'equatoriale[41] così duro che né anche una macchina d'un cavallo lo potrebbe muovere. Si fece alla meglio movendolo a mano.

Alli 25 *[novembre]* sera arrivò il vapore Plebiscito, ma essendosi ammalato Cacciatore non fu possibile partire che ai 27 *[novembre]* sera. Il capitano [Foscolo] sbagliò di nuovo il rombo, poiché naviga senza bussola corretta, né vi applica correzione alcuna! In faccia a Vulcano[42] [**39r**] si accorse dell'errore, e dopo molte consulte fu rimediato.

Ai 28 *[novembre]* fummo a Messina, e con tempo discreto vidi il magnifico stretto del faro ove i vortici sono così belli e manifesti che sono una meraviglia. Fui dal vescovo,[43] e alla cattedrale fui ricevuto dai canonici, e ivi pure, mentre vedevamo l'altare, sparsasi la voce del mio arrivo, corse una turba grande di popolo, e i rappresentanti dell'Università, da cui fui a più riprese complimentato. Visitai l'Università, dove certamente non è gran cosa, ma ebbi molti attestati di stima e rispetto.

La mattina del 29 *[novembre]* si partì per Augusta ed ammirammo il bel prospetto dell'Etna a largo di mare di circa 10 miglia, che è un incantesimo di bellezza. [**39v**] È in grande la valle d'Arno, ma qui invece delle mille casine, sono tutte borgate e paesi sparsi alle falde. La metà in sù è boschi, e la cima è neve! Spettacolo unico nell'Universo.

Alla sera d'arrivo, le solite storie del Capitano che non sapeva il posto, né vi era mai stato e non capiva le carte.

Basta, arrivammo in sicuro, e la sera stessa furono messe a terra le casse.

Il 30 *[novembre]* fu cominciato a sballare e si misero in posto la culla e l'asse [*del telescopio*], ma la baracca era fatta male assai, lo strumento restava

---

[40] L'Osservatorio di Palermo aveva acquistato un meteorografo Secchi (vedi Diario A, "Esposizione del 1867", nota 16).

[41] Il telescopio equatoriale Merz dell'Osservatorio di Palermo era pressoché identico a quello utilizzato da Secchi all'Osservatorio del Collegio Romano, in quanto a specifiche, ma si presentò fin dall'inizio difettoso nel funzionamento del movimento ad orologeria, fondamentale per l'inseguimento automatico degli astri. I. Chinnici – P. Brenni, *The Palermo Merz Equatorial Telescope: an instrument, a manuscript, some drawings*, «Nuncius», 30, 2015, pp. 228-279.

[42] Nota isola dell'arcipelago delle Isole Eolie.

[43] Vescovo di Messina era, all'epoca, monsignor Luigi Natoli (1799-1875), che fu tra i maggiori sostenitori siciliani di Pio IX.

troppo dentro e la camera fotografica era un vero crivello. Fu cominciato l'accomodamento di tutto, e coperte colle tele incerate [**40r**] delle ferrovie 6 casotti, ci trovammo al riparo dall'acqua e dal vento che il dì appresso cominciò furioso. Così aggiustato l'equatoriale, non si potè fare fotografia di luna, onde solo si fece la fot[ografia] del sole ai 4 *[dicembre]*.

Ai 6 *[dicembre]* fu trasportato più avanti e così la sera si poté fotografare la luna piena.

Ai 7 *[dicembre]* il tempo è vario, e si riesce solo a *[fare]* qualche fotografia della luna. Arriva la lettera del P[adre] Generale [*Peter Jan Beckx (1795-1887) SJ*] che avvisa essersi consegnata la mia rinunzia alla cattedra di astronomia fisica, secondo il volere del Papa. Così saranno finite le chiacchere.

8 *[dicembre]*. Sempre tempo incerto, in tutti i giorni di festa andiamo col P[adre] Denza [44] a dir messa alla chiesa principale, dove il Vicario [45] ci riceve con molto amore e cordialità.

[**40v**] 10 *[dicembre]*. Si sono prese altezze ed azimut, ma non essendo mai senza vento, nulla di buono si può concludere. Si trova che un sito magnifico per la commissione sarebbe stato il convento dei Paolotti [46] abbandonato e disabitato, ma a costoro fa male quell'aria. Questa sera vi è grande combriccola di femine in cui Cacciatore è tutto vita. Mi accorgo che cosa sia questa canaglia di liberali. Non sono vivi che alle femine. Ricevuta la lettera di Nardi [47] che in sostanza si vede che si è lavato le mani di tutto, o cortigiani, o cortigiani. Non *[c'è]* scusa perché Dio vi bastoni. Nobile ha scritto cose che non m'aspettava. Adesso [**41r**] vuol ritornare allo spettroscopio. Prima non lo voleva più! Oh burattini.

Quanto è meglio il buon vicario di costì che, avendogli mostrata la luna, con un po' di pena disse che tre cose avea ammirato: Giove – la luna – e la nostra pazienza. È un uomo che capisce!

---

44 Francesco Denza (1834-1894), barnabita, era direttore dell'Osservatorio astronomico-meteorologico del R. Collegio Carlo Alberto di Moncalieri, presso Torino; nel 1892 fondò l'attuale Specola Vaticana a Roma (Chinnici, *Il contributo di p. Francesco Denza alla ricerca astronomica*, [cit. nota 3]).

45 Si tratta del canonico monsignor Corallo, citato da Secchi nella sua relazione (*Rapporti della Commissione* [cit. nota 21], p. 23), il quale partecipò ad alcune osservazioni.

46 Ordine dei Frati Minimi, fondato nel XV secolo da San Francesco di Paola (da cui il nome Paolotti).

47 Non è chiaro se si tratti del matematico pisano Angiolo Nardi Dei (1833-1913), né quale possa essere stato il contenuto della lettera.

Vi è la questione di trasportare la stazione. Io non ci voglio entrare. Ho protestato che se fà vento non garantisco fotografie. La risposta di fare ciò che voglio è una derisione se non si fa di più.

Adesso và C[acciatore] al telegrafo da sé solo, vedremo che farà. [**41v**] *[pagina bianca]*[48]

[**42r**] 26 Xbre *[= dicembre]*

Oggi che per il mal di pancia di Cacciatore, che si spaccia per direttore della commissione, siamo obbligati a restare inchiodati ad Augusta; profitteremo per fare la storia precisa delle cose, e la faremo à rebours *[= a ritroso]* per non sbagliare.

2^h 10^m Oggi è una confusione come è stata sempre negli ordini. Non si sà che diavolo fare. Ora mi dice che domani partirà il Plebiscito, e un'ora fa' che non sarebbe partito. Adesso sono quindi di ritorno dalla città ove ho concertato una vettura con un telegramma per partire.

2^h 15^m Al mio arrivo trovo mutato tutto, e non più si può andare per terra, ma ognuno deve andare al Plebiscito che [**42v**] partirà domani a tutti i costi. Intanto si ritorna al municipio, e si fà questa bella figura da Pulcinelli.

Al vapore, ove siamo stati a fare il dejeuné, si è trovato tutti malcontenti, perché il regolamento era stato prescritto che dal Plebiscito si avesse il trattamento. Ora invece Cacciatore ha fatto venire cuoco e gente da Catania che ci siamo trovati con pessima cucina, e doppio pagare.

Ieri, giorno di Natale, da vero e santo framassone, ci passò il pranzo con alcune cose meno del solito. È un uomo del progresso e della libertà de' più accaniti, ma mi accorgo che queste due parole suonano solo Egoismo.

[**43r**] Mi giova di aver conosciuto questi cani di liberali sedicenti.

Ora all'Ecclisse. Oggi ricevo notizia da Nobile che ha veduto molte linee rovesciate alla estremità delle corna o cuspidi della fase, quando era sottilissima. Cioè pochi minuti prima della totalità. Io pure notai molte righe per quel limite ma non potei arrivare a farmene un concetto preciso. Esse mi comparvero come tanti Zantedeschi,[49] ma ora rilevo che esse erano le righe rovesciate di molti metalli.

L'osservazione di Denza è stata importante perché ha veduto due strie nella corona, lucide su fondo continuo. Egli avea lo spettroscopio mio a

---

[48] Si noti che mancano annotazioni sui giorni immediatamente precedenti e successivi all'eclisse, che avvenne il 22 dicembre. Secchi fa solo qualche cenno agli aspetti scientifici poco più avanti. Il resoconto completo delle sue osservazioni fu da lui pubblicato nei *Rapporti* (cit. nota 21).

[49] Francesco Zantedeschi (1797-1873), prete e fisico veneto, fu tra i primi a notare l'effetto dell'assorbimento atmosferico terrestre nelle righe dello spettro solare e la comparsa delle cosiddette "righe telluriche" dovute a tale assorbimento.

visione diretta applicato al mio [**43v**] cercatore di Dollond[50] da me e perciò avea gran luce. Questo cercatore ha un obiettivo di 7 cent[imetri] con lunghezza focale di 50 cent[imetri] onde è cortissimo e molto condensante. Lo spettroscopio era uno di Hoffmann,[51] piccolo ma eccellente sopra modo.

La fotografia riuscì male nella totalità, per la nube, ma più per l'impertinenza del Fotografo.[52] Costui non si volle mai lasciar governare, e a mala pena potei ottenere che facesse qualche cosa. Arrogantino e sovrappuntino in tutto, di quelli del progresso che sputa tondo in tutto, e sì impertinente che esso sà di teologia più del Papa e di fisica più del P[adre] Secchi. È degno [**44r**] compagno di Cacciatore. La nube fu una provvidenza, perché senza quella il fiasco era lo stesso, e solo sarebbe stato più palpabile. Io gli avea dato gli ordini precisi: 1° apertura per $5^{\mathrm{s[econdi]}}$ onde avere le protuberanze, 2° ap[ertur]a di $50^{\mathrm{s[econdi]}}$ onde avere la corona, in fine altra apertura di $5^{\mathrm{s[econdi]}}$ per avere le protub[eranze]. Ma Egli aprì e chiuse a suo modo, e stava col binoculo a guardare, mentre io dava i comandi. Avea anche disposto di avere la corona con una camera oscura posta nel cannocchiale fatta con una lente da vedute, ma né anche questa riuscì, perché non chiuse al [**44v**] tempo debito, ma dopo che fu comparso il sole. Io gridava che chiudesse e mutasse, e quello rispondeva che non vedeva nulla, che non bastava, e intanto venne il sole, e non si trovò nel vetro che una coroncina di protuberanze che non si sarebbero da lui capite, ma che io riuscii a salvare da lui che voleva cancellar tutto. In somma fu disgrazia che capitassi con questo cattivo soggetto, il quale mi fe' perdere *[an]*che quel poco che la nube mi avea risparmiato.

[**45r**] Appena finita la totalità perdetti un poco di tempo a metter lo spettroscopio e mirai alla cuspide. Quivi vidi una cosa che non capii, cioè uno spettro tutto interrotto a un dipresso così *(Dis. 2)*. Io non capii che cosa fosse, e credetti polvere sulla fessura, ma questo non poteva essere perché la fessura era larga come

Dis. 2.

[50] Peter Dollond (1731-1820) fu celebre costruttore londinese di strumenti scientifici, insieme al padre John (1701-1761) e al nipote George (1774-1852).

[51] J.G. Hofmann era un costruttore di strumenti ottici con sede a Parigi, noto produttore di spettroscopi a visione diretta.

[52] Si tratta di uno dei fratelli Tagliarini (probabilmente Tommaso), noti fotografi palermitani, il quale collaborò con l'Osservatorio di Palermo nei primi tentativi di fotografia astronomica ivi effettuati da Pietro Tacchini; V. Mirisola, *I Tagliarini. Due fotografi nella Sicilia del Grand Tour*, «Gente di fotografia», 42, 2007, pp. 76-81.

per vedere le protuberanze, e il senso delle strie non combinava. Ma a ciò non riflettei allora, né pensai a stringere la fessura (al che avrei dovuto [**45v**] pensar prima). Finita l'osservazione delle punte andai all'orlo, visitai le protuberanze, e vi riconobbi le solite strie, ma le corna mi mostravano questo fenomeno che non compresi nel punto, perché inaspettato. Ora capisco che ciò non era altro che lo spettro del continuo vicino all'orlo, formato di numerose righe rovesciate.

Infatti seppi dappoi che l'inglese Burton[53] avea veduto questo spettro così discontinuo.

[**46r**] Le ombre volanti si videro bene al Segnale degli inglesi dal Sig[nor] Omodei[54] e compagni.

La polarizzazione fu fortissima, ma Harkness[55] mi scrisse che non provava che la luce polarizzata fosse quella della corona potendo venire dal cielo intorno, e infatti si sono vedute zone sulla luna stessa.

27 Xbre *[= dicembre]*

Arriviamo a Siracusa e abbiamo ottima accoglienza. Il prefetto[56] e il Sindaco[57] col corpo municipale, vengono a riceverci. Si và quindi [**46v**] a vedere il museo [*archeologico*], e il medagliere. Molte terracotte, e lapidi cristiane. Vi è simultaneo in una il *(Dis. 3)* e il *(Dis. 4)* onde non appartengono a due epoche diverse. Magnifico tempio di Minerva ora cambiato in cattedrale. Vidi l'Aretusa, fonte che passa sotto mare, e il castello, e il vicario, che è di spirito *[mi disse:]*

Ma i preti sono qui poveri spogliati e il culto langue. Oh che setta perversa, vero Anticristo!

Dis. 3.

Dis. 4.

28 *[dicembre]* Visita alle antichità di Siracusa. All'Epipoli o castello, magnifico [**47r**] resto di fortificazione

---

[53] Charles Edward Burton (1846-1882) era membro della spedizione inglese ad Augusta (vedi nota 61).

[54] Numerosi furono gli astronomi amatoriali e i volontari che si offrirono di osservare l'eclisse e comunicare le osservazioni alla Commissione; non è stato finora possibile identificarli tutti con certezza. Il nome di Omodei è citato da Secchi nella sua relazione finale (*Rapporti della Commissione* [cit. nota 21], p. 25).

[55] William Harkness (1837-1903) era capo della spedizione astronomica statunitense in Sicilia, attestatasi a Siracusa.

[56] Achille Basile (1832-1893), prefetto di numerose città italiane, divenne nel 1890 anche senatore del Regno d'Italia.

[57] Alessandro Statella fu sindaco della città di Siracusa per diversi mandati.

greca tutto cavato nel tufo, che è una piccola gibilterra con gallerie coverte tutte cavate nella pietra, e forti torri e un castello rettangolare alla sommità con fosse e trinciere e scale, tutte cavate dentro al masso per impedire gli approcci. Mirabile!

Gli acquedotti per molte e molte miglia a canali sempre nel sasso, l'anfiteatro per metà ancor esso scavato. Il resto cattiva costruzione romana. Manca tutta l'opera muraria, perché distrutta da Carlo V per fare la fortezza. Il ninfeo, e le latomie, ecc. e il famoso [**47v**] orecchio di Dionisio, che non è altro che una latomia di forma bizarra perché cominciata dall'alto con un cunicolo torto che poi si è andato sempre allargando. Le catacombe [*sono*] di sistema generalmente pertanto diverse da quello di Roma, perché a più loculi paralleli nello stesso arcosolio. Ci accompagnò il Sig[nor] Ing[egnere] Tarantella, architetto delle antichità e prof[essore] di disegno nel ginnasio. Il Sindaco Statella appresso ci fece ogni gentilezza e il Prefetto Basile ci diede il pranzo. Cacciatore, al modo suo, si mostrò un forte mangione e un accanito framassone. Vanno sempre d'accordo [*le due cose*].

[**48r**] 10 Gennaio 1871, Catania

Ieri sono stato ad Aci Reale col P[adre] Denza accolti da un'ottima famiglia, il Sig[nor] Battalà *[corretto in* Badalà*]*,[58] di quelle all'antica. Si è vista la città che è bellina, e ricca assai, si è visto il medagliere del Barone Puglisi (?) *[corretto in* Pennisi*]*[59] che è un capo d'opera per la ricchezza specialmente in monete sicule. Fummo per la strada a vedere i basalti degli scogli de' Ciclopi, detti faraglioni, e ad Aci Castello. Qui sono globulari; là sono una magnifica colonnata come quelli di Fingal.[60] Sopra essi è la lava. Vidi il sito del naufragio della Psiche.[61]

Per via seppi da Sciuto Patti,[62] che ci accompagnava, la ragione per cui fu tanto restio Cacciatore a venire in Catania, e perché poi fu scelta Augusta

---

58 Non è chiaro se si tratti di P. Badalà Scudero, che fu poi Sindaco di Acireale nel 1891.

59 Il barone Agostino Pennisi di Floristella (1832-1885) era un imprenditore e numismatico acese.

60 Qui Secchi si riferisce con ogni probabilità alla grotta di Fingal, nelle Isole Ebridi (Scozia), completamente formata da pilastri basaltici esagonali, di chiara origine lavica. Non è escluso che Secchi abbia potuto visitarla durante il suo soggiorno in Inghilterra, anche se finora non è stata trovata alcuna evidenza documentaria.

61 Lo *Psiche* era un vapore della marina inglese che si incagliò e fece naufragio a Capo Mulini, vicino Acireale; vi era a bordo la spedizione scientifica inglese, guidata da Norman Lockyer (1836-1920), diretta a Siracusa per osservare l'eclisse. Si riuscì a mettere in salvo personale e strumenti, ma la spedizione fu costretta a cambiare programma: Lockyer ed altri rimasero a Catania, mentre due gruppi si diressero rispettivamente sull'Etna e ad Augusta – questi ultimi si attestarono vicino alla stazione italiana, alle falde del castello.

62 Carmelo Sciuto Patti (1829-1898) fu un celebre architetto, ingegnere e geologo catanese.

e non Villasmundo,[63] Villa del principe di S[an] Giuliano [*Benedetto Orazio Paternò Castello (1810-1885)*]. [**48v**] Cacciatore pretendeva che come il principe faceva le spese della tavola e dell'alloggio, così Catania facesse quelle altre delle cavalche, al che il municipio si rifiutò.

Quindi la scelta di quell'orrido castello di Augusta, in cui que' villani minchioni si adossarono le spese che poi entreranno in tasca di Cacciatore.

Un'altra ragione fù forse che essi aveano preparato a me una distinzione speciale a mettermi a capo, cosa la quale putiva a lui e a Donati,[64] al quale fu sempre data la precedenza sopra di me. Oh che buffoni. Oggi spero partire per Messina ove aspetto il legno da Terranova per andare a Palermo.

Qui è la signora Lockyer[65] e M[ister] Brett[66] che ha fatto il disegno [**49r**] della falce con due pennacchi *(Dis. 5)* che non saprei spiegare altrimenti che come difetto ottico dello strumento, poiché paiono tangenti alla luna - se pure non è la sua atmosfera?

Io feci la proposta di fare osservazioni spettroscopiche sull'Etna, ove è minore l'illuminazione atmosferica.

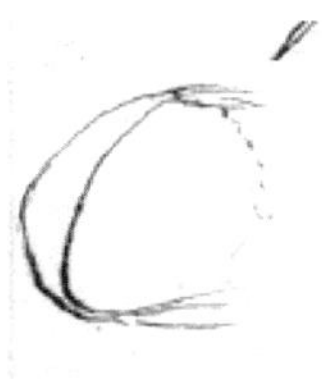

Dis. 5.

2 Gennaio – Messina. Il prof[essor] Costa[67] e il prof[essor] Seguenza,[68] che hanno veduto l'ecclisse senza velo nelle vicinanze di Messina, assicurano che la corona fu stretta, come quella della pag. [*146*] del mio libro [*Le Soleil*];[69] che essa non avea che corte irregolarità. Il P[adre] Serpieri[70] asserisce che il limite della totalità fu almeno 4 chilometri più oltre al fissato, perché egli lo vide totale per 17 secondi e dovea esser appena tangente.

---

63 Villasmundo era la località che era stata scelta in origine come stazione astronomica per la spedizione italiana; ad essa fu poi preferita Augusta. CHINNICI, *L'eclisse totale di sole del 22 dicembre 1870 in Sicilia* (cit. nota 1), pp. 44-45.

64 Giovan Battista Donati (1826-1873) era direttore dell'allora nascente Osservatorio di Arcetri. Insieme a Secchi realizzò una meridiana solare sulla facciata del palazzo municipale di Augusta (M. L. TUSCANO, *Angelo Secchi e la gnomonica*, in *Angelo Secchi. L'avventura scientifica del Collegio Romano*, a cura di A. Altamore e S. Maffeo, Foligno, Edizioni Quater, 2012, pp. 255-273: 266-267).

65 Winifred James (1837-1879), moglie di Norman Lockyer, fu anche sua assistente – a lei si deve la traduzione inglese di numerosi testi divulgativi astronomici francesi.

66 John Brett (1831-1902), pittore preraffaellita, partecipò alla spedizione inglese e riuscì a disegnare la corona solare osservata ad Augusta; J. BRETT, *Extract from a Report of the Eclipse Expedition of 1870, at Augusta, Sicily*, «Monthly Notices of the Royal Astronomical Society», 31, 1871, pp. 163-166.

67 Non è stato finora possibile identificare questo personaggio.

68 Si tratta certamente di Giuseppe Seguenza (1833-1889), naturalista e geologo messinese.

69 Vedi Diario C(1), "Primo viaggio a Parigi", nota 9.

70 Alessandro Serpieri (1823-1885), appartenente all'ordine religioso degli Scolopi, fu insigne studioso di astronomia, fisica, sismologia e meteorologia.

[**49v**] Presso la zona limite fu bellissimo il fenomeno delle strisce delle ombre serpeggianti che si vedevano salire sù per li muri delle case. La figura del P[adre] Faura [71] fu giudicata buona, benché (come esso stesso dice) poco regolare.[72]

Si capisce la facilità di questa osservazione, quando si riflette che il periodo della falce strettissima che ciò produce quì durò molto, e si ebbe tempo di studiarlo. Pare in somma che questo sia il medesimo fatto della luce veduta lungo il muro o attraverso il cammino. Gli strati di diversa densità aerea fanno un vero fuoco e descrivono delle righe che al dire del Sig[nor] Moleti [73] facevano circa 10^m per 5 secondi.

[**50r**] 12 Gen[na]io 1871. Oggi spero di liberarmi da questo inferno che è questo paese, ridotto tale dalla rivoluzione. Qui si mangiano l'un l'altro come lupi, pochi di numero ma accaniti e sostenuti dalle armi, gli anticristi qui sono onnipotenti ed insolenti. La mia persona è divenuta già oggetto del loro accanimento. Domenica passata feci un rapporto sull'ecclisse che dovea esser privato, ma per la folla concorsa fu solennissimo all'università, dove parlai per un'ora con infiniti applausi. Era ben naturale che la setta dovea risentirsene, ma non vi trovò altro che una frase a lode del governo italiano, e non potè segnalarla altrimenti per compromettermi, che stamparla tra due virgolette. Alla sera dovevo fare una istruzione sull'eclisse [**50v**] al collegio del P[adre] Agalbato,[74] e fuvvi serata numerosissima. La spacciarono tosto per riunione borbonica, e si diedero premura di inviarvi spie governative che riferissero. Feci la lezione tutta di fisica senza nessuna allusione. Alla fine un ragazzo mi recitò un bel complimento. Sarebbe stato dovere rispondere, [*ma*] io mi contentai di un inchino, perché il terreno scottava sotto i piedi, e rispondendo a tono si poteva compromettere il collegio stesso. Se si volea risposta, io dovea esser prevenuto del discorso. Fin qui nulla aveano da dire. Erano disarmati. Ora ecco come ne trovarono una.

Alla sera venne il sen[atore] Todaro [75] con un album bianco tutto per raccogliere firme di dotti e persone [**51r**] insigni. Essendo esso un ottimo

---

71 Il gesuita Federico Faura (1840-1897) fu fondatore e direttore dell'Osservatorio meteorologico di Manila.

72 Nel manoscritto la parentesi erroneamente si chiude qui.

73 Il nome di Saya Moleti è citato da Secchi tra gli osservatori amatoriali che collaborarono alle osservazioni (*Rapporti della Commissione* [cit. nota 21], p. 25).

74 Padre Francesco Agalbato aveva realizzato a Palermo un Istituto per l'educazione dei fanciulli.

75 Si tratta con ogni probabilità del senatore Francesco Todaro (1839-1918), nativo della provincia messinese.

cattolico, non esitai ad inaugurarlo con un 'Evviva Pio IX' e con l'orazione che si dice nelle litanie pro Papa. *[segno di sottolineatura verticale accanto a questo testo]* Tanto bastò. L'album fu visto e il dì appresso nella Luce[76] comparve un articolo in cui si diceva che io avea in quest'album bianco iniziata una so[*tto*]scrizione borbonica. La cosa è stupida – ma pure ha fatto impressione e sono stato consigliato a partire. Per verità ciò mi fa ben piacere, perché non desidero altro, ma il fatto fa vedere l'umore del paese, e come si tradiscono a vicenda.

Alla sera ebbi una lettera cieca furiosa,[77] e avendola mostrata a Cacciatore, rispose sù per giù che me la meritava, perché proprio era io il centro qui di tutti i reazionarii della città e dei più spinti, con molto suo **[51v]** dispiacere. Al che dissi che, se l'avessi saputo, avrei preferito altro alloggio. Ma credo che esso pure è di balla in ciò per invidia. E infatti finora il sunto inviato alla accademia del mio discorso non è comparso. Spero che il vapore mi libererà pertanto, atteso che il tempo è buono, senza scusa.

---

[76] «La Luce» era un giornale politico, scientifico e letterario pubblicato a Palermo negli anni 1870-1871.

[77] Si tratta di una lettera minatoria, tuttora conservata presso l'archivio dell'INAF-Osservatorio di Palermo (Chinnici – Randazzo, *Angelo Secchi: In the footsteps of a Jesuit Scientist* (cit. nota 37), p. 105).

SECONDO VIAGGIO A PARIGI PER LA CONFERENZA INTERNAZIONALE DEL METRO (1872)

La Commissione Internazionale per la definizione del metro campione tornò a riunirsi a Parigi nel 1872. Stavolta Secchi fu protagonista, suo malgrado, di un incidente diplomatico tra Francia e Italia. Gli inviti ai partecipanti furono infatti inviati secondo la lista del 1870, senza tenere conto che la situazione politica era intanto cambiata: lo Stato Pontificio infatti non c'era più, e al Papa, cui restavano solo i Palazzi Vaticani, era riconosciuta un'autorità spirituale ma non politica, da parte del Governo italiano. La presenza di Secchi come rappresentante della Santa Sede, tra i rappresentanti di altre nazioni, implicava quindi un indiretto riconoscimento della sovranità politica del Papa. Dai retroscena della vicenda,[1] si comprende che non si trattò di un atto deliberato da parte del governo francese, ma di una semplice disattenzione. Il governo italiano, tuttavia, decise di seguire la linea dura e chiese alla delegazione italiana di protestare e ritirarsi, in caso di voto espresso per nazione. Così avvenne. La Commissione criticò la decisione italiana, di fatto esprimendosi a favore di Secchi. L'evento provocò l'imbarazzo della diplomazia internazionale, che ebbe difficoltà a gestire l'incidente, finito sui giornali con toni caricaturistici; dal canto suo, invece, Secchi tornò a Roma avendo messo a segno un importante successo personale e politico. Si mise poi diplomaticamente rimedio alla situazione nel 1875, quando venne firmato l'accordo internazionale per l'adozione del metro, e la Santa Sede non fu inserita tra i firmatari.

Ancora una volta, il viaggio a Parigi fu per Secchi l'occasione per visitare luoghi e persone, e mettersi direttamente al corrente di ciò che avveniva negli ambienti scientifici d'oltralpe. Dai suoi appunti, inoltre, emerge come egli abbia prima vissuto con imbarazzo, e poi gustato da spettatore, con la sua consueta ironia, ciò che avveniva attorno alla sua persona: il racconto che ne fa sembra quasi il copione di una commedia. Secchi vuole obbedire

---

[1] Vedi I. Chinnici, *Decoding the stars. A biography of Angelo Secchi, Jesuit and Scientist*, Leiden-Boston, Brill, 2019, pp. 149-159.

fedelmente al Papa, ma non vuole inimicarsi il governo italiano, e si rende conto di essere usato come pedina politica: decide quindi di far buon viso a cattivo gioco e di svolgere fino in fondo il suo compito, così come richiestogli dalle autorità ecclesiastiche. Resosi conto che la Commissione è dalla sua parte, assiste alla débacle della delegazione italiana, all'imbarazzo dclla diplomazia francese, e al suo trionfo personale.

Trascrizione Diario D(1) - APUG FS 23.II.D

In copertina, di altra mano (forse Castellani): [2]
[Autografo del R[everendo] P[adre] Secchi
1872
Secondo viaggio a Parigi pel metro]

[**1-4**] *[conti delle spese sostenute]*
[**5**] Diario 1872

7bre *[= settembre]* 20: Arrivo a Parigi, Visita al Nunzio *[Monsignor Chigi]*,[3] che non si trova, e a Mons[ignor] Capri[4] uditore, col P[adre] Sup[erio]re della casa. Visita a Villarceau[5] per sapere della riunione della Conf[erenza] Geodesica, ma che nessuno sà niente. Essa è aggiornata per la morte di Delaunay.[6] Altre visite.

21 [settembre]. Visita al cons[ervatori]o *[di Arti e Mestieri]* e con Tresca,[7] Govi,[8] Hilgard,[9] e altri; si va agli Archivii dove si stà più ore.

22 [settembre]. Visite diverse al Nunzio e alla casa *[dei gesuiti]* di Rue des Postes.[10]

23 [settembre]. Altra visita all'Osservatorio con Tacchini.[11] Villarceau fa vedere il suo osservatorio portatile.

---

2 Vedi Introduzione.

3 Vedi Diario A, "Viaggio a Parigi per l'*Exposition Universelle*", nota 20.

4 Monsignor Giovanni Capri, uditore di Nunziatura a Parigi in quegli anni.

5 Yvon Villarceau (1813-1883), astronomo ed ingegnere francese.

6 Vedi Diario A, "Viaggio a Parigi per l'*Exposition Universelle*", nota 30.

7 Vedi ivi, nota 107.

8 Gilberto Govi (1826-1889), fisico e patriota; sarà il primo italiano a dirigere il Bureau International des Poids et Mesures, istituito nel 1875.

9 Julius Erasmus Hilgard (1825-1890), ingegnere americano.

10 Vedi Diario A, "Viaggio a Parigi per l'*Exposition Universelle*", nota 25.

11 Vedi Diario C(2), "La spedizione scientifica in Sicilia", Introduzione.

24 [settembre]. 1ª seduta di apertura col Min[istr]o di Agricoltura e Commercio.[12] Dichiarazione de' membri, ecc.

25 [settembre]. Prima discussione sul metro, e approvazione di stare al metro degli Archivi. Sul Kilogr[amm]o la cosa s'imbroglia, e si rimette [**6**] al giorno seguente la decisione, tanto sul chilogrammo che sul modo di votare. Commissioni secondarie.

26 [settembre]. Riunione preventiva mancata delle commissioni secondarie. Dejeuné da S[ainte] C[laire] Deville[13] con Stas[14] e Macy[15] Belgi (il Macy della perforatrice) poi alla Commissione, in cui si decide che per stati voterebbesi solo quando la domanda venisse da 3 membri di stati differenti. Che gli stati da meno di 10 milioni *[di abitanti]* avrebbero un voto – quelli tra 10 e 20 *[milioni]* – 2 voti, quelli sopra 20 *[milioni]* avrebbero 3 voti. La Santa Sede è considerata nel 1° ordine.

Sul chilogr[ammo] si decide di stare al Kil[ogrammo] degli archivi. Perché esso è sufficiente pel commercio senza sturbare la relazione metrica, e pei bisogni della scienza. A me tocca[*no*] la Commissione per l'esame del metro degli archivi – quella della temp[eratu]ra del metro – quella del comparatore. [**7**] *[pagina bianca]*

[**8**] 4 ottobre, oggi il diavolo si è scatenato, il scatenato. Questa mattina Tresca mi ha abbordato dicendomi che la mia presenza era causa di grandi difficoltà nella Commissione, perché era venuto ordine ai Commissarii italiani di lasciare le sedute quando si facesse qualunque cosa in cui io fossi riconosciuto come rappresentante della S[anta] Sede. Ho risposto che io non mi era intruso, che io era stato chiamato ed inviato, che questo era un ordine del S[anto] Padre a cui non poteva resistere, che le leggi italiane, il parlamento inglese e tutti gli stati riconoscevano un sovrano nel S[anto] Padre, però domanderei informazioni.

Il Gen[erale] Ricci[16] mi ha informato pure degli ordini perentorii che avea, e che perciò se ieri, in cui fu il ricevimento, fossi io stato riconosciuto come rappresentante nazionale, essi doveano partire. Per questo non vi fu ricevimento con discorso.

[**9**] Sentito ciò fui dal Nunzio il quale mi disse di stare al mio posto, che io era stato chiamato, e che doveva assistere a tutto. Confesso che si po-

---

12 Pierre Teisserenc de Bort (1814-1892), ministro dal 1871 al 1873.

13 Henri St. Claire Deville, vedi Diario A, "Viaggio a Parigi per l'*Exposition Universelle*", nota 23.

14 Jean Servais Stas (1813-1891), chimico, delegato belga.

15 Non è stato finora possibile identificare questo personaggio.

16 Vedi Diario C(1), "Primo viaggio a Parigi", nota 29.

trebbe evitare qualche cosa non necessaria, e assentarsi da una seduta di voti nazionali pei Bureaux, ma il nunzio non l'ha voluta capire, e vedo che sono sagrificato, e che a Roma non si tornerà più da me. È impossibile che io possa rientrare in Italia dopo un tal atto di ribellione al Governo italiano. Le conseguenze sono terribili, e non le dissimulo. Pazienza. Vediamo come finirà.

10 [ottobre]. Oggi comincia la questione dell'uffizio internazionale, e i maneggi dei delegati italiani per cacciarmi e negarmi il voto, non solo quando per nazioni, ma in tutto.

[10] 11 [ottobre]. Fiasco intero degli Italiani: fanno la protesta, ma casca a fondo come una palla nel vuoto. Vedi descrizione della seduta nella lettera a Marchetti e nel rapporto al Cardinale.[17]

[11] 19 8bre [= *ottobre*] [18]72. Questo affare, come era da aspettarsi è diventato un affare grosso, e il P[adre] Secchi è diventato persona diplomatica. Quindi i soliti onori delle caricature, in due sensi: gli italiani rappresentati entranti trionfalmente in Roma dentro un fiasco, e il p[adre] Secchi con una lunga coda pettinata da Thiers.[18] Sono inezie, ma mostrano che sotto vi è cosa che si cova. Quindi sarà bene riassumere qui tutta la storia.

Storia della spedizione

Il card[inale] Antonelli fece, sulla metà di agosto, sapere al P[adre] Generale[19] che io era stato richiesto dalla Francia per assistere alla commissione del metro, e lo pregava a sentire se da parte mia vi sarebbe difficoltà. Risposi che nò, ma io procedeva bujo. Fu per ciò che alcune settimane prima, avendo ricevuto una lettera da Tresca e Mathieu,[20] **[12]** [*rispettivamente*] Secretario e Presidente della Commissione, io me ne scusai, e dissi che si rivolgessero al Santo Padre o al Card[inale] Antonelli, perché le condizioni mie erano mutate dal 1870 in poi. Si vede che fu in conseguenza di questa lettera che essi si rivolsero al cardinale.

Risposto che ebbi al Padre generale, pochi giorni dopo mi arrivò un dispaccio aperto del card[inale] Antonelli, in cui mi accreditava come autorizzato a intervenire alla detta commissione. Ecco un sunto del dispaccio ... il Governo francese ha mostrato desiderio che il R[everendo] P[adre] A[ngelo] Secchi ... Fin d'allora delegato a tal uopo dal governo della S[anta] Sede, sia

[17] Con ogni probabilità si tratta del Cardinale Antonelli (vedi Diario A, "Viaggio a Parigi per l'*Exposition Universelle*", nota 32) a cui Secchi fa riferimento più avanti.

[18] Adolphe Thiers (1797-1877), Presidente della Terza Repubblica Francese.

[19] Peter Jan Beckx (1795-1887) era preposito generale dei gesuiti all'epoca.

[20] Vedi Diario C(1), "Primo viaggio a Parigi", nota 13.

autorizzato ad intervenirvi (a detta commissione). Ora, avendo la S[anti]tà di N[ostro] S[ignore] annuito a tale richiesta, se ne porge avviso allo stesso R[everendo] P[adre] Secchi, al quale viene perciò data facoltà di far parte della commissione anzidetta. = Questo dispaccio è un poco confuso, e realmente pareva più un permesso che un ordine. Tuttavia **[13]** il modo pratico di intenderlo fu assai esplicito, esso venne riguardato dal Vaticano come un atto in cui il governo francese riconosceva il diritto del S[anto] Padre di inviare un delegato alla Commissione. Quindi furono offerti i danari per le spese del viaggio e avendo io domandato 600 franchi, me ne furono mandati mille.

Nella visita al Cardinale, questi mi si espresse in modo che non restava dubbio che intendeva mandarmi come rappresentante della Santa Sede come potere sovrano: e nella visita di congedo al S[anto] Padre, avendogli io detto se dovea intervenire anche alla riunione del 20 8bre *[= ottobre]* in cui dovea tenersi la conferenza geodesica, e alla quale, facevo riflettere, non c'è più ragione d'intervenire, mancando il terreno da misurare; *[il]* S[anto] Padre rispose: non importa, andate anche a questa.

Intanto pei fogli [= *giornali*] correva già la notizia della commissione, ma il mio nome non figurava ancora, **[14]** ma si ebbe cura in Roma di farlo conoscere.

Partii da Roma il 9 7bre *[= settembre]* e, fatto il giro per Venezia con f[ratel] Marchetti, arrivai pel [Mon]Cenisio a Parigi la mattina del 20 [settembre], ed andato all'osservatorio seppi che nulla si faceva più della conf[erenz]a geodesica, perché la morte di Delaunay sconcertava tutto.

Allora feci la visita al presidente Mathieu, da quale capii che esso credeva che io venissi come rappresentante di Italia, siccome esso è mezzo sordo, e non contava nulla, benché presidente, e vi era una persona presente, mi contentai di dire che io [*ero lì*] pel Papa e non pel Re, e mi licenziai e mi recai da Tresca secretario che faceva tutto.

Arrivato al Conservatorio [*di Arti e Mestieri*] lo trovai, e mi fece buona accoglienza e mi disse che [*io*] veniva in buon punto, perché non sapeva che titolo darmi, attesoché prima io avea **[15]** quello di delegué des Etats Romains, ma ora questi stati non essendovi più, non credeva dover ritenere il titolo. Soggiunsi io che si poteva mettere delegato del S[anto] Padre, o della Santa Sede, e così fu fatto. E fattasi recare la lista, trovò scancellato les états Romains e non iscritto nessuno, quindi pose al posto alfabetico = pour le Saint Siège le R[évérend] P[ère] S[ecchi].

Al 24 [settembre] furono aperte le sedute al tocco, e dopo alcuni preliminari di formalità, si alzò Hilgard,[21] delegato americano degli Stati Uniti,

---

[21] Julius Erasmus Hilgard (1826-1890); T. Quinn, *From Artefacts to Atoms. The BPIM*

per domandare in che modo si sarebbero fatte le votazioni, se per persone o per nazioni. Gli fu risposto che nel 1870 fu deciso che per persone, ma che però quella decisione non avea forza di legare la commissione presente. Allora Hilgard dissse che vedeva troppa disparità di numero nelle varie nazioni, onde esso proponeva si facesse un regolamento su questo, e fu **[16]** su di ciò nominata una commissione, per presentare il dì appresso un progetto.

Il progetto fu in fatti presentato e includeva che il voto ordinario fosse personale, che il voto per nazione si facesse solo quando 3 membri di nazionalità diversa lo domandassero al fine della discussione, e che allora il voto si rimettesse al dì seguente, perché i delegati avessero tempo di concertarsi. In quanto ai voti nazionali, essi furono distribuiti così: un voto pegli stati aventi meno di 10 milioni di abitanti, due voti per quelli aventi fino a 20 [*milioni*] e 3 voti per gli altri. Avendo io domandato al mio vicino Gen[era]-le Ibañez[22] spagnuolo, come se l'erano sbrigata pel Papa, mi rispose = gli abbiamo dato un voto, perché ha il Vaticano = Sono parole testuali, ed esso era membro della commissione. Quindi infatti, letta la lista, alla S[anta] Sede era assegnata una voce.

[17] Questa lista di voti e Stati fu pubblicata nel journal officiel ma nella parte non officiale. E fu questa scintilla che accese immenso incendio.

Tre giorni dopo questo fatto, le prime avvisaglie vennero da Roma nel giornale l'Italie che si lagnava di vedere un delegato papale, di una potenza che non esiste! L'Univers[23] rispondeva bruscamente che, di tutto il fatto dal 20 7bre [= *settembre*] in poi [*del*] 1870, nulla era riconosciuto dalla Francia. Ma questo era solo roba di piazza. Nei gabinetti si faceva il diavolìo.

Il giorno [...] avemmo ricevimento da Thiers di tutta la commissione, che riuscì freddo, senza discorso, senza coinvolgimento, senza nulla che paresse diplomatico internazionale. Esso fece da primo un giro intero, in cui i singoli membri gli furono presentati dal Gen[erale] Morin,[24] e notai che mentre per tutti diceva la nazione, per me disse solo = le R[évérend] P[ère] Secchi, le celèbre astronome = Je connais ses ouvrages, disse Thiers = e passò oltre con un inchino. Quindi il presidente cominciò a fare un secondo giro e a complimentare alcuni gruppi, ma arrivato presso la metà, non lungi da me, ritornò indietro, e ritornò al punto di partenza fra i Russi.

[18] A me ciò fece un po' di senso, e non capii perché non finisse il giro. Poi nel[l'] accomiatare l'assemblea con due parole fredde e sottovoce, si di-

---

and the Search for Ultimate Measurement Standards, New York, Oxford University Press, 2012, pp. 93-94.

22 Vedi Diario C(1), "Primo viaggio a Parigi", nota 13.

23 «L'Univers» era un quotidiano francese dell'epoca.

24 Vedi Diario A, "Viaggio a Parigi per l'*Exposition Universelle*", nota 26.

resse in linea retta a me, prendendomi per la mano, salutandomi e dicendo che molto si dilettava in vedere i miei lavori. Allo sfilare, mi tornò a complimentare. Si vedeva che avea voglia di parlar meco.

Il dì seguente, arrivato al Cons[ervatori]o [*di Arti e Mestieri*] per assistere alla sottocommissione, fui preso da parte da Tresca, il quale mi parlò al modo seguente.

Caro padre, ho una cosa da dirvi: io amo le posizioni chiare, e devo informarvi di tutto. Vi prevengo che la cosa non riguarda la vostra persona, ma la vostra posizione. La vostra presenza qui crea degli imbarazzi. I delegati italiani hanno dichiarato che hanno ordine di protestare contro la vostra presenza in qualità di rappresentante della S[ant]a Sede. Qui [**19**] dicono che l'invito è stato fatto a voi e ai vostri superiori perché vi mandassero, ma non alla santa Sede come Stato che non esiste, quindi essi vogliono protestare contro di voi.

Risposi che io non sapeva nulla della forma di convocazione indirizzata alla Santa Sede, che io avea ordine di starvi come delegato della medesima, e che di mia autorità non poteva ritirarmi. Che domanderei istruzioni, e che io non considerava la notizia che come una officiosità di cui gli era obbligato, ma che non mi impegnava a deviare affatto dalla linea prescrittami fino a nuovi ordini. Poco dopo vidi il Gen[erale] Ricci, con cui eravamo sempre stati in buoni termini, e mi disse la stessa cosa. Gli domandai più precisamente quali fossero le loro istruzioni, ed egli mi rispose che erano questi: ogni qual volta si trattasse di cose puramente [**20**] scientifiche, non fare rimostranze, ma ad un atto qualunque in cui entrasse in giuoco la nazionalità, doversi essi ritirare protestando. Quindi, vede, soggiunse, se jeri vi fosse stato discorso con indirizzo a nazionalità, o presentazione per nazionalità, noi avevamo ordine di partire immediatamente. Feci al Ricci le stesse risposte che al Tresca, e finita la seduta andai direttamente dal Nunzio per informarlo di tutto.

Il Nunzio mi ordinò di non darmi per inteso di nulla, e fare come se nulla fosse accaduto. Stessi al mio posto, e solo nel caso che il presidente dicesse di ritirarmi o di fare un atto qualunque lesivo della mia deputazione, mi ritirassi protestando. Soggiunsi però che in genere, dietro ciò che avea saputo dal Gen[erale] Ricci, la occasione del conflitto non verrebbe subito, ma solo quando si sarebbe trattata la questione del Bureau di [**21**] esecuzione, in cui doveasi dare voti per nazioni, e anche accettare delle spese. – Per le spese, disse, vada con prudenza, ma faccia in modo che non si deroghi alla sua qualifica. E poi in tutto rimetta a me, e io sò quello che devo fare.

Benché le istruzioni del Nunzio fossero chiare, pure io volli scrivere anche a Roma al Cardinale [*Antonelli*], e informarlo, onde mi mandasse più positive istruzioni, se dovessi astenermi per evitare conflitti, e spese, e che cosa fare. Una risposta convenzionale fu stabilita; e acciò non avessi a perder la comunicazione, cosa che sospettava avvenuta della mia prima lettera al Cardinale, io inviai la lettera assicurata a persona fedele.

Intanto, tutto progrediva quieto e pareva sedato tutto il fracasso. Informai il segretario Tresca che io avea ordine **[22]** di stare al mio posto, e che non sarei partito che con una protesta.

Mentre tutto pareva quieto, io incontrai Govi alla pristina dell'antivigilia della discussione, e mi domandò: ebbene, che istruzioni ha avuto? Risposi = di stare al mio posto = Davvero? – Sissignore, e di protestare se occorre di dovermi ritirare. – Govi soggiunse: ma lo farà? – Sicuramente, replicai – Allora, disse, bisogna avvertire Ricci, che vada da Nigra[25] per evitare uno scandalo e un disordine; possibile che a Roma si voglia questo! – Tali sono le mie istruzioni, risposi, e ci lasciammo.

Avanti la seduta pomeridiana io trovai Ricci di nuovo, il quale mi cominciò a dire che Egli aveva dispiacere della cosa, ma che dovea farla, che non mi offendessi, che non era per me, che dovea fare il suo dovere. Io gli replicai che avrei fatto il mio dovere anch'io, e che se occorreva, io protestava e mi ritirava. **[23]** Soggiunsi aver noi, dal canto nostro, usato ogni cautela per disarmare questi pretesti del Gov[ern]o Italiano, aver fatto mettere S[ant]a Sede in luogo di Stati Romani, appunto per entrare in qualche modo nella legislazione italiana, che riconosce nel S[ant]o Padre, entro una sfera strettissima, è vero, ma sempre definita da essa, i diritti sovrani, non poter io rinunziare a quei diritti che la commissione mi avea dati senza che io li cercassi, e quindi dover stare al mio posto. – Lo capisco anch'io, disse Ricci, ma come fare, Nigra insiste e bisogna obbedire. – Ella faccia quel che crede, io farò quel che devo. – e ci separammo.

Intanto erano accaduti fatti che mi assicuravano nella mia posizione; io avea avuto da Roma un telegramma, che mi diceva = acquisti strumenti, mantenga posto, resto per lettera = Capii il gergo tanto per le spese da accettare in **[24]** caso che occorresse, quanto per la condotta del posto.

Era anche accaduto che si era presentato il Sig[nor] Capitaneo, Delegato della Rumania, e avea ottenuto di sedere, ma volendo votare, fu impedito dietro protesta del delegato ottomano, fatta però in privato. Una mattina all'Archivio, essendomi trovato solo col delegato suddetto, Husney Bey, gli dissi: Ecco che voi siete nella stessa posizione come gli Italiani verso di me: voi avete il delegato della Rumania contro il quale voi protestate – Perdono, mio padre, disse il delegato turco, il caso è differente: nessuno stato riconosce la Rumania come indipendente, il S[anto] Padre invece, nella sua sfera, non è soggetto

---

[25] Costantino Nigra (1828-1907) era l'ambasciatore d'Italia a Parigi in quegli anni.

a nessuno. Nessuno tiene ambasciatori presso la Rumania, come si tengono presso il santo Padre, ed essa non **[25]** li invia, come fa il S[anto] Padre. Poi la legge Italiana riconosce i diritti sovrani nel S[anto] Padre, e basta ciò.

La ringrazio, dissi ridendo, Ella è più ragionevole del nostro governo. Venuto Tresca, mi disse: avete veduto jeri a pranzo dal presidente come non si ebbe nessuna disposizione ai posti, e chi pigliava pigliava? Ciò è stato per causa vostra, e per non eccitare delle suscettibilità! Il presidente Thiers vi fece molti onori, e non senza perché! Capii che la cosa bolliva bene. Infatti il presidente mi avea complimentato molto distintamente prima di scendere a tavola, indi all'uscire mi fe' cenno di fermarmi che mi volea parlare, ed uscimmo insieme, dicendomi esso che avea letto il mio libro e messevi delle note, e che era un bello studio, e gli era piaciuto ecc. **[26]** Salimmo la scala insieme fino all'anticamera, sempre parlando. Indi, separatici al Caffè, di nuovo mi venne a trovare Thiers, e a invitarmi ad andare da lui la sera, dove avremmo parlato de omnibus rebus et quibus idem obiis, e mi domandò se [*io*] mi tratteneva, al che risposi che, appena finita la seduta, io sarei partito, perché avea da fare la scuola al Collegio Rom[an]o fino a tanto che ci avessero lasciato *[farla]*. Il presidente rispose: 'Oh...' sorridendo, con dire 'questo che temete non sarà', e seguitò a dire che la sera alle 9 mi avrebbe veduto volentieri.

Questa stessa sera, Tresca mi informò delle difficoltà che stavano per insorgere nella commissione per la faccenda del Bureau international in cui il voto si farebbe per nazioni. Mi disse che era inaccettabile la posizione che si voleva fare alla Francia e che vi sarebbe grande **[27]** discussione. M[onsieur] De Remusat[26] prese pure da parte il Gen[erale] Morin, e gli disse che cosa pensava dell'affare degli Italiani = il bravo Generale gli rispose = mi pare di vedere una bestia feroce che perseguita la sua vittima fino nelle sfere dell'intelligenza. Non basta di avere tolto a quest'uomo tutto quello che avea, che lo vogliono anche moralmente annientare! = questo discorso parve fare impressione nel grand papà de la diplomatie come chiamano Remusat! (?)

Il dì appresso, giovedì, era dunque destinato per la grande questione, la proposta del Bureau International. Le proposte della Sottocommissione, in cui erano tutti forestieri tranne due, avea fatto un progetto che fu stampato, e nel seno della Sottocommissione aveano avuto delle vive espressioni, come seppi poi. Aveano trattato insomma **[28]** i francesi da incapaci, e non aveano nascosto che non si fidavano dei loro lavori, né dei loro metodi. Un grande agitatore era Hirsch,[27] e qualche frase uscita dalla sua bocca produsse molto malcontento.

---

26 Charles de Rémusat (1797-1875) fu Ministro degli Affari Esteri dal 1871 al 1873.

27 Vedi Diario C(1), "Primo viaggio a Parigi", nota 13.

Si lessero dunque le proposizioni, e per la loro stranezza colpirono tutti. Il punto era che si farebbe a Parigi un Bureau internazionale con macchine e strumenti e personale per la costruzione del metro, e che i francesi lavorerebbero al confronto del metro e del chilogrammo sotto la sorveglianza e la direzione dei membri di un comitato permanente da scegliersi, che dirigerebbe i lavori riunendosi almeno una volta l'anno! È chiaro che questo imbroglio, che feriva l'amor proprio francese, che vedevano gettato nell'immondezzaio tutti i loro preparativi, fatti con tanta pena e spesa, non poteva piacere. Molto meno poi poteva [**29**] piacere di esser sorvegliati e diretti da membri della stessa commissione!

Leverrier[28] con uno di que' suoi sguardi chiaroveggenti fece vedere tutti gli assurdi e le complicazioni del sistema, e disse che non capiva nulla. Morin e Tresca protestarono che non accetterebbero mai tale sorveglianza. Si ingaggiò una forte e viva discussione, malgrado che al principio si fosse detto di non discutere quel giorno, ma rinviare la discussione all'indomani. Fu un brutto principio, onde vedendo scaldarsi i ferri si decise di sospendere la discussione fino all'indomani.

Allora sorse Foerster[29] della Prussia a domandare il voto per nazioni; era un altro schiaffo ai francesi, e fu appoggiato dagli Italiani e dagli Austriaci. Fu fatto riflettere da Tresca che, la discussione non essendo finita ma rinviata, si dovea aspettare, secondo il regolamento, alla [**30**] fine per far tale domanda. Fu replicato che ciò era vero, ma che stando molti membri per partire, il ritardo era penoso, perché si dovrebbe tardare fino al 3° giorno, secondo il regolamento stesso. Fu risposto che poteva partire chi voleva, ma che speravano nel Patriottismo di tutti per il loro restare.

Così fu tolta la seduta. Il voto per nazioni fu capito che era per metter in mezzo la questione del voto della S[ant]a Sede, e per ciò principalmente non piaceva ai francesi. Leverrier me lo disse, e soggiunse: se il voto si fa, e voi dovete uscire, uscirò io con voi, e noi due non saremo soli ad uscire. Si vede che la pentola bolliva ben bene. Si aspettava pertanto l'indomani. Nel mattino del venerdì furono firmati alcuni processi [*verbali*] delle sottocommissioni, e fu singolarmente fatto in modo da me che Govi e Ricci firmassero meco, e sempre [**31**] ci mostrammo in buona intelligenza, tanto che [*tutti*] ne restavano sorpresi.

Alla sera stessa, veduta questa mala parata, io andai nuovamente dal Nunzio per informarlo che il dì appresso la giornata era campale. Gli dissi del telegramma, e fu combinata la condotta da tenere in caso della protesta.

---

28 Vedi Diario A, "Viaggio a Parigi per l'*Exposition Universelle*", nota 11.

29 Wilhelm Foerster (1832-1921) era direttore dell'Osservatorio di Berlino.

Questa fu che io mi stessi zitto e fermo al posto, parlando il meno possibile, anzi tacendo assolutamente durante la discussione, vedere che piega prendevano le cose, e parlare solo nel caso di schiarire equivoci e dubbi. Se la commissione passava ai voti, e che questi mi fossero sfavorevoli, io dovea alzarmi, fare una protesta in termini forti, ritirarmi, e non andare più alla commissione. I termini della protesta erano a un dipresso i seguenti: esser sorpreso che la commissione mi togliesse ora ciò che mi avea dato spontaneamente [**32**] in altra seduta; e ciò a richiesta degli Italiani, mentre la legislazione italiana ammette il diritto di Sovrano nel papa, e le potenze ricevono i suoi legati e gli inviano ambasciatori, e ciò senza che il Governo italiano stesso mi abbia fatto saper nulla personalmente. Il diritto Europeo, infine, esser leso da questa deliberazione, diritto che riconosce la Sovranità indipendente dal numero de' sudditi, come era stato deciso ultimamente nel parlamento inglese, onde il Papa essendo vero sovrano non si poteva negargli qui tale rappresentanza. =

La circostanza del non esser io stato avvisato per nulla dal governo Italiano la metteva, perché al mattino precedente, alle insistenze del Gen[erale] Ricci, io dissi chiaro che mi dicesse se avea istruzioni per farmi desistere, e se vi erano, che mi fossero officialmente comunicate; potere il governo Italiano inviarmi un ordine perentorio come a suo suddito, e con [**33**] pene comminate, ordinarmi di desistere dall'impresa: ma altrimenti, considerare tutte le sue comunicazioni come non avvenute. Il regno d'Italia, dissi, ha i suoi gendarmi e può farmi arrestare al ritorno, ma me ne deve qui fare avvertito. – Le pare! disse Ricci, il governo non può fare tale cosa, e non la farà mai – Se non può, replicai, perché dunque tante insistenze; io non mi ritirerò mai spontaneamente, me l'intimi con comminatoria, e allora saprò che cosa dovrò fare – Queste chiare parole furono le ultime scambiate con Ricci prima della loro protesta.

Venerdì al tocco si apriva la seduta, e tutti aspettavano ansiosamente il risultato. Quando il Secretario si alza, dicendo che è dispiacente di non poter presentare il processo verbale della seduta precedente, perché fu una seduta molto complicata: gli oratori parlarono con sorpresa, e senza essersi fatti un concetto preciso [**34**] delle cose e delle proposte, esservi stata anche qualche discussione un po' animata se non viva, nata forse da qualche equivoco, e il tutto doversi mettere con certo ordine, per non fare una massa indigesta. Quindi pregava la Com[mission]e di aver pazienza fino all'indomani. Intanto avrebbero letto gli articoli su cui erano [*stati*] presi de' concerti tra la sottocommissione (de' forestieri) e la sezione francese, dichiarando che, dopo le spiegazioni avute, i francesi accettavano gli articoli che andava a leggere.

Da questo esordio tutti [*si*] aspettavano una specie di compromesso e transazione. Ma fu tutt'altro. Il segretario lesse gli articoli (già stampati), tali quali erano stati presentati dalla sottocommissione, conservando non solo gli spropositi di redazione, ma anche ristabilendo certe parole e particolarità che si erano mutate prima, ad istanza dei francesi!

Questa lettura fu seguita dalla [**35**] replicata dichiarazione che i Francesi accettavano tutto.

Questa lettura stordì tutti, che non ne capirono cica – M[onsieur] Stas, deputato belga che stava presso di mè [*sic*], disse: qui c'è una sorpresa! qui c'è un ordine; io non voto con tali cose! e si astenne poi. Dopo un poco di silenzio si alzò il pres[idente] della commissione Foerster, e disse: noi dichiariamo che questi sono precisamente i progetti della sottocommissione e li accettiamo. Allora non si parlò più di voti per nazioni, e per via di fatto il presidente Struve[30] disse che metteva ai voti la proposta della sottocommissione.

Allora si alzò il Gen[erale] Ricci, e disse che avea una comunicazione da fare avanti al voto, e lesse la protesta che stà nel processo verbale, in cui diceva che, avendo veduto il P[adre] Secchi nella lista de' deputati come rappresentante la Santa Sede, egli era incaricato dal suo governo [**36**] di protestare contro tale qualifica. La Santa Sede esser un potere puramente spirituale, e non poter aver luogo in tale riunione, così vedeva la cosa il governo Italiano, e fino a tanto che tale stato di cose sarebbe durato, i delegati italiani si sarebbero astenuti dal prender parte a qualunque decisione della Commissione.

Questa lettura fu accolta con glaciale silenzio, e dopo un buon 40 secondi di silenzio, vedendo che nessuno si moveva, il presidente disse = Mi dispiace che questa dichiarazione sia stata fatta, ma dacché è stata fatta, non posso riguardarla che come un fatto compiuto =

Dopo un altro poco di silenzio il Gen[erale] Morin disse = Signori, è molto dispiacente di vedere che delle questioni estranee alla scienza vengono a sturbare la buona [**37**] intelligenza che regna nella commissione, e a distoglierne i membri utili. È da sperare che nelle prossime convocazioni i nostri colleghi verranno con delle istruzioni più concilianti (il testo a stampa dice un poco diversamente, ma è certo che disse così).

Allora tutti zitti di nuovo, e io fermo sulla sedia come una statua. Rivenuto dallo stupore, il presidente disse: 'ebbene signori, non resta dunque altro che metter a voti le proposizioni lette dal segretario: quelli che le approvano levino la mano' = Io alzai il braccio più che potei, senza caricatura però, e tenevo d'occhio gli Italiani. Essi tennero le mani sotto la tavola. Poco dopo si passò ad un'altra votazione, e dissi a Ibañez che mi era vicino: 'guardate quello che fanno gli italiani': 'Ho visto', disse: 'essi non votano'.

---

30 Vedi Diario C(1), "Primo viaggio a Parigi", nota 13.

[**38**] Finita la seduta, parecchi vennero a stringermi la mano, e uno mi disse = non pare che ci abbiate perduto nulla = un altro = non potevate vincer meglio con minor fatica. All'uscire, Husney Bey, delegato turco, mi disse: les delegats Italiens sont bien maladroits: on ne fait pas ces choses là si on n'est sûr du succès: ils ont été enfoncés. = E prima della protesta io domandai a Ibanez: 'se protestano, che farà la Commissione?' mi rispose = 'rien, nous sommes incompétents!' =

La cosa passò quindi liscia e con loro disonore. Credevano di suscitare una discussione e non vi fu nulla.

Ma il peggio fu il dì appresso. Si dovea scegliere il comitato permanente e uno per nazione dovea esser nominato; quando fu detto di fare le schede, gli Italiani erano presenti e non diedero scheda. Qualcuno mi disse, 'perché sono venuti gli Italiani? Se han detto di non prender parte [**39**] ai lavori, sono inconseguenti'.

Le schede essi non le fecero, io la feci, e benché mi accorgessi che vi era una modula circolante, io non la volli copiare, ma la feci da me indipendentemente. Allo scrutinio Govi ebbe 4, o 5 voti, Ricci uno, io nessuno, e riuscirono eletti i rappresentanti degli stati principali soltanto: il minore numero di voti l'ebbe Husney Bey e fu di 14: numero giusto. Restarono molti sorpresi a veder Govi fuori, ma si rispondevano, 'e perché si sono ritirati? Dovevamo noi forzarli e fare delle complicazioni? È stato abbastanza che, per deferenza e non inasprire troppo, il P[adre] Secchi non è stato nominato'. Infatti Tresca mi disse il dì avanti, dopo il voto: è andata bene, ma non credo dovere andare più in là, e non vi sceglieremo per la commissione permanente. Io dissi: non me n'importa affatto.

Così in fondo restarono esclusi gli italiani, e Govi soprattutto non poteva [**40**] mancare di essere scelto, essendo stimato assai da più di Husney Bey: fu anche escluso Hirsch (benché io gli dessi il voto) e dopo seppi che fu per le impertinenti parole scambiate con Morin in commissione.

Da tutto questo si rileva che i signori Italiani furono i disturbatori della festa e della pace, e si vede che si erano fatti convegni e cricche e che le sedute pubbliche non erano che il risultato di queste e degli ordini del governo.

Alla domenica seguente io voleva partire, e già avea preparato il baule per partire quando mi giunse un biglietto del Presidente della Repubblica che mi invitava a pranzo la sera del martedì 15. Interrogai perciò il P[adre] Provinciale, che mi disse di aspettare a partire e di andarvi. Risposi quindi a Thiers, che vi sarei andato, anche per compensare la mia mancanza agli inviti serali che Egli mi avea fatto [**41**] con tanta cortesia.

Vi andai dunque, e fu un pranzo di famiglia, dove non erano che due o tre invitati, oltre i soliti. Ebbi il posto accanto a Thiers alla destra, e parlammo di astronomia, di osservatorii, di antichità, di storia, di tutto un poco. Thiers pareva molto contento. E seguitammo a parlare fino al caffè. Allora cominciarono a venire i diplomatici e io mi intrattenni un pezzo con M[onsieur] Depit, ottimo cattolico, e altri invitati, e con Madama [*Thiers*] che domandava delle cose di Roma (osservai che essa evitava di dir nulla del Papa) ma solo dell'aria, delle fabbriche ecc.

Vedendo che le cose andavano in lungo, io presi un momento che Thiers parlava colle signore e che non dovea avere affari, per licenziarmi, e ringraziarlo insieme; gli dissi francamente = Ebbene abbiamo avuto una qualche difficoltà, è vero, cogli italiani – anzi una contestation assez vive = [**42**] on vous contestait votre titre de representant du Saint Siège – mais ce ne sont pas des choses sérieuses (sic) ce choses là, ces sont des enfantilleries = Lo credo anch'io, replicai, ma possono produrre delle cattive conseguenze per me e per la corporazione a cui appartengo – Oh cela ne sera rien. Ce n'est pas à vous, ni aux votres qu'ils en veulent, mais c'est à nous: il veulent barbouiller un peu de papier pour en parler dans les Chambres, voilà tout. Ce[s] sont des enfantillages. = e dietro alcuni altri complimenti, io mi ritirai, accompagnato da lui fino alla porta. Che restasse contento di me lo credo, perché nel Français vi è una relazione della nostra conversazione in termini molto lusinghieri, e quel rapporto deve esser stato fatto da chi era presente, perché parla de' nostri discorsi, e specialmente della distruzione degli antichi tipi delle città antiche [**43**] e di Roma, come si fa adesso, cosa di cui io non ho parlato a Parigi con nessuno, e né anche più mi ricordava di questo incidente.

Tale è la storia de' fatti. Gli Italiani sbuffano, e negano in tesi al papa ogni diritto di rappresentanza, e hanno messo me e Thiers in caricatura, e Thiers che mi pettina il codino. Scioccheria di prima classe, ma che pure mi fa onore. Il fatto però non si può digerire dagli Italiani, i quali speravano almeno di esser chiamati a far parte della commissione permanente, e per giunta fa loro indigestione il mio pranzo con Thiers. Io però non mi fido de' francesi, e temo che al papa tocchi il fumo, e agli Italiani l'arrosto. Le buone accoglienze fattemi sono una lustra, e in fondo vedrete che non sarò più chiamato alla conferenza del metro, e che gli Italiani avranno la desiderata soddisfazione. Chi camperà – vedrà! Ma [**44**] la cosa non si potrà assicurare che da qui a 2 o 3 anni almeno. E da qui a là ci rivedremo se ci saremo.

Non voglio ommettere che, l'ultimo giorno, il Gen[erale] Ricci faceva l'occhio pio e i complimenti verso di me. Govi era più sostenuto, ma salutava egli il primo. Io rispondeva solamente un po' serio. Ma Ricci mi veniva attorno, e finalmente, in un momento che la seduta fu sospesa per dare agio al comitato permanente di costituirsi, venne a domandarmi scusa del fatto, e che non era contro di me, ma solo pel suo dovere, ecc. – Al che io risposi che io non poteva fare come i diplomatici, ma che faceva mio l'insulto fatto al Papa, e soprattutto da lui che io teneva per buon cattolico, e che non capiva la coscienza di questi che si vogliono far credere divoti, come forze di S. Martino,[31] e poi fanno quel che fanno. [**45**] E insistendo esso che era suo dovere, gli replicai = i comandi si esaminano e quando sono cattivi si declinano; ella dice di capire che non andava bene far questa cosa, che ha fatto il possibile per distornarla e poi l'ha fatta: peggio per lei. Sono casi che non si devono decidere in questa sala, ma certo non possono lasciar tranquillo un cattolico. = Ma il mio dovere = Oh sa che le dico, che la scusa del dovere e del comando, in questo caso, è la scusa di Pilato. = Io capii che il Generale era realmente dispiaciuto di esser stato impegnato in tale affare, cercai a stringerlo, ma non a strozzarlo, e con buoni complimenti e buona grazia si volse ad altro il discorso, e entrando un altro nel parlare, io me ne andai.

Venuto a Roma il Papa mi ricevette a mano alzata dicendo = Io voto pel P[adre] Secchi = colla quale graziosa maniera [**46**] e col garbo con cui disse queste parole, appena entrai e feci la genuflessione, mostrò il suo gradimento. Esso pure mi assicurò che non avea mai avuto consolazione più sincera in que' giorni che quella che io gli avea procurata. Io risposi che la miglior mia mercede, per li non pochi fastidi sofferti, era la soddisfazione di Sua Santità.

31 S. Martino era considerato patrono dell'esercito di fanteria.

VIAGGIO IN SICILIA PER IL XII CONGRESSO DEGLI SCIENZIATI ITALIANI E A COSENZA PER L'INSTALLAZIONE DI UN OSSERVATORIO GEOMAGNETICO (1875)

Nel 1875 si tenne a Palermo il XII Congresso degli Scienziati Italiani, l'ultimo di tale serie di congressi, tenutisi tra il 1839 ed il 1875, allo scopo di promuovere lo scambio tra gli uomini di scienza italiani di quel periodo. Secchi decise di partecipare, pur tra varie difficoltà, per diverse ragioni.[1] Il pretesto scientifico era quello di cogliere l'occasione per eseguire dei confronti tra le sue osservazioni solari e quelle di Pietro Tacchini (Fig. 1), lavoro che era da tempo in programma, ma che non era stato possibile realizzare fino ad allora. In realtà, Secchi era soprattutto preoccupato dal fatto che in quella occasione si sarebbe discusso di un progetto di riforma degli Osservatori Astronomici italiani, proposto dallo stesso Tacchini.[2] Vi era dunque in gioco il destino dell'Osservatorio del Collegio Romano, a rischio di confisca e di smantellamento: alcune voci, infatti, parlavano di trasferirne gli strumenti all'Osservatorio di Arcetri, inaugurato qualche anno prima, la cui dotazione strumentale era in fase di completamento.[3]

La partecipazione di Secchi al congresso (Fig. 2) non fu ben accolta dalle frange cattoliche ultraconservatrici, che lo accusarono di unirsi a massoni e miscredenti; al congresso era stato infatti invitato anche il filosofo francese Ernest Renan,[4] noto per aver negato la divinità di Gesù Cristo. Secchi fu dunque costretto a tenere un profilo basso, partecipando solo alle sessioni scientifiche ed evitando gli eventi pubblici.

---

[1] I. Chinnici – D. Randazzo, *Angelo Secchi: In the Footsteps of a Jesuit Scientist (Sicily and Calabria, 1875)*, «Atti del XL Convegno annuale/Proceedings of the 40th Annual Conference SISFA», 2020, pp. 101-112.

[2] F. Poppi – F. Bònoli – I. Chinnici, *Il progetto Tacchini e la riforma degli Osservatori italiani*, in *Cento anni di astronomia in Italia 1860-1960*, Atti dei Convegni Lincei 217, Roma, Bardi Editore, 2005, pp. 123-171.

[3] S. Bianchi – D. Galli – A. Gasperini, *Giovanni Virginio Schiararelli e l'Osservatorio di Arcetri*, Fondazione "Giorgio Ronchi", CXI, 2011, p. 27.

[4] Vedi nota 7.

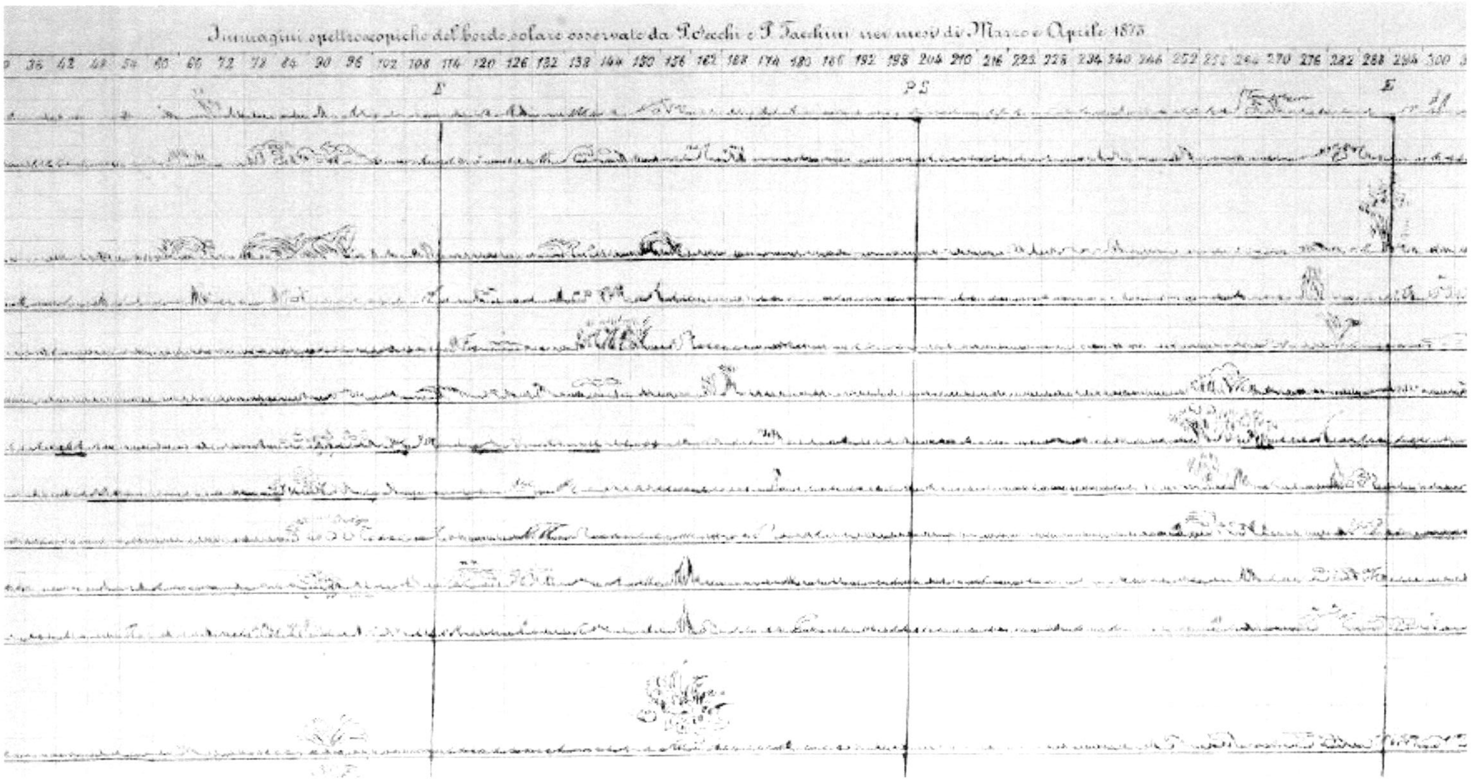

Fig. 1. "Osservazioni spettroscopiche del bordo solare osservate da P. Secchi e P. Tacchini nei mesi di Marzo e Aprile 1875" (da: *Memorie della Società degli Spettroscopisti Italiani*, vol. IV, 1875 (particolare della Tav. LXII); *crediti*: Biblioteca INAF-Osservatorio Astronomico di Palermo).

N. 220

XII. CONGRESSO DEGLI SCIENZIATI ITALIANI

E

I. CONGRESSO DELLA SOCIETÀ ITALIANA

PER IL PROGRESSO DELLE SCIENZE

CARTA DI AMMISSIONE

Il Sig. Prof. Angelo Secchi

è ammesso al Congresso ed ha dichiarato di

ascriversi alla classe Matematiche

Palermo 28 Agosto 1875.

Per il Comitato

Questa carta vale per le adunanze del congresso e delle classi e per gli inviti ai convegni.

Tip. Lao.

Fig. 2. Tessera di iscrizione di p. Secchi al XII Congresso degli Scienziati Italiani (*crediti:* Archivio Storico INAF-Osservatorio Astronomico di Roma).

Fin dalle prime pagine, dal suo diario emerge l'insofferenza e la tensione con cui vive quei giorni, che gli provocarono anche malesseri e somatizzazioni, circondato da un clima che lo costringeva ad essere guardingo per evitare strumentalizzazioni, sia da parte degli anticlericali che degli ultraconservatori.

Di fatto, l'esito della riunione fu favorevole a Secchi, dal momento che ogni decisione sull'Osservatorio del Collegio Romano fu rinviata, e nel decreto, che recepì la proposta di riforma nel 1876, lo 'status' dell'Osservatorio del Collegio Romano rimase indefinito. Questo metteva al sicuro l'Osservatorio, almeno finché Secchi fosse rimasto in vita.

Il manifestarsi di disturbi di salute obbligò Secchi a differire di alcuni giorni un viaggio a Cosenza, previsto durante il rientro dalla Sicilia, e finalizzato all'installazione di un piccolo osservatorio geomagnetico. Appena ristabilitosi, Secchi decise di onorare l'impegno preso. Il viaggio fu segnato da grande successo e popolarità, ma anche da alcuni incidenti di percorso, nei quali egli con abilità seppe prendere in mano la situazione. Fu un viaggio che comunque lo scienziato gesuita pagò a caro prezzo, poiché minò significativamente la sua salute, già deteriorata: nelle ultime parole del diario sembra esserci quasi un presentimento. Nel giro di qualche anno, Secchi si spegnerà, pochi mesi prima di compiere 60 anni.

Trascrizione Diario D(2) - APUG FS 23.II.D (57v-68)

[57v] "Viaggio in Sicilia 1875 (ed a Cosenza)"

Scrivi ancor questo! La malignità trova pascolo dappertutto e questa volta l'ebbe copioso. – Ecco i fatti. – Erano 2 anni dacché avea promesso a Tacchini di andare a Palermo a fare uno studio comparativo del suo spettroscopio col mio e vedere se si poteva trovare riscontri pel diametro solare e spiegarne le divergenze. In fine non potei ricusarmi, anche ricordandomi che se sto all'osservatorio esso fu che maneggiò l'affare e lo concluse col Ministro dell'Istruzione.[5] – Era mio intento di spicciare le osservazioni prima del Congresso e tale era anche il desiderio di Tacchini. Ma per varie cause non si poté. Intanto i frementi dicevano che io sarei andato in Sicilia **[58r]** al congresso, e che io sarei stato alloggiato in Arcivescovado donde era stato espulso il vescovo,[6] e che avrei dormito nel suo letto accanto a Renan![7] Queste stolide voci furono raccolte con entusiasmo dai fogli clericali, e ne dissero di tutte le specie a mio carico, *[non]* senza però la solita velatura dell'ipocrisia, asserendo che era cosa impossibile che io fossi andato in Sicilia, non che al congresso, e lo dicevano impossibile mentre ben sapevano che io era partito. Quindi monsignori e neri di ogni tinta a dirne d'ogni specie. Anche al papa naturalmente non mancarono di dire che io [*mi*] era imbarcato in quella baraonda del congresso di volteriani (Fig. 3) il cui scopo era consegnare lo sterminio del cristianesimo.

---

[5] Si tratta di Ruggiero Bonghi (1826-1895), allora ministro della Istruzione Pubblica. Tacchini si adoperò per il mantenimento di Secchi alla direzione dell'Osservatorio del Collegio Romano: I. Chinnici, *Decoding the stars: a biography of Angelo Secchi, Jesuit and scientist*, Leiden-Boston, Brill, 2019, p. 307; I. Chinnici – A. Gasperini, *Alle origini dell'astrofisica italiana: il carteggio Secchi-Tacchini 1861-1877*, Firenze, Atti della Fondazione Ronchi CXVI, 2013, pp. 273-274; 282-283; 287-288.

[6] Nel 1871 Pio IX aveva nominato arcivescovo di Palermo Michelangelo Celesia (1814-1904), dalle posizioni fortemente papiste.

[7] Ernest Renan (1823-1892), filosofo francese che nel 1863 aveva pubblicato l'opera *Vie de Jésus*, nella quale negava la divinità di Gesù Cristo. Presso l'Archivio dell'Università Gregoriana in Roma si conserva un manoscritto apologetico di Secchi contro Renan: APUG, Fondo Angelo Secchi S.I., 24.VI.

Fig. 3. Vignetta satirica sul Congresso; riconoscibile la caricatura di Secchi che gioca con un aquilone; alle sue spalle, quella del filosofo Renan (*crediti*: collezione privata).

Fioccavano gli articoli e [**58v**] e non mancarono anche delle lettere cieche e caritatevoli!

Ma io invece di ritirarmi credetti tirar di lungo, avendo ben fissata la mia linea di condotta. Accadde infatti che, sul punto di partire per Palermo, ricevetti un invito del Ministro dell'Istruzione di recarmi a Palermo per discutere in commissione con gli altri il nuovo sistemamento degli osservatorii meteorologici e astronomici. E siccome sapevo che scopo di questa riunione era la riduzione e chiusura di alcuni osservatorii astronomici, e il servirsi de' loro stromenti per quello di Firenze, vidi un caso possibile che quello del Coll[egi]o Romano potesse essere in ciò utilizzato [**59r**] secondo il progetto già fattomi dal ministro Sella,[8] d'accordo col Sindaco Peruzzi[9] di Firenze, in

[8] Vedi Diario C(2), "La spedizione scientifica in Sicilia", nota 28.

[9] Ubaldino Peruzzi (1822-1891) fu sindaco di Firenze dal 1869 al 1878.

cui soffiavano la giunta [10] e il Ministero della pub[blica] istruzione per levarsi la spesa dell'osserv[atorio] e la incommodità del gesuita nel museo.[11]

Lasciando dunque cantare i fogli, e consigliatomi coi nostri [*confratelli*] di Palermo, presi risoluzione di restare ivi durante il congresso, ma solo prendendo parte alle dette conferenze, senza intervenire a nessun'altra riunione del Congresso stesso.

Questo io eseguii precisamente, e con tutta puntualità, Anzi, perché non fosse possibile accagionarmi di esser ivi intervenuto, io mi condannai a restare in casa durante tutte le ore che [**59v**] duravano le sedute pubbliche. Così non ho veduto nemmeno la biblioteca nazionale, che è quella del nostro antico collegio, né la sala universitaria, né nessuna esposizione o altro. In mia parola non misi mai piede in nessuno di que' siti ove poteva affrontarsi o il Renan o il Principe Umberto.[12] Anzi a Palazzo [13] non andai punto durante la sua dimora colà e perciò in que' giorni né anche visitai l'osservatorio.

La mia vita in questi giorni a Palermo fu quella di peggio che frate, perché non faceva altro che andare all'osservatorio e a casa, e cominciate le conferenze, alla università [**60r**] e poi a casa. Né anche avea libere le ore del passeggio perché il M[arche]se Spedalotto [14] mi voleva seco in carrozza, e la passeggiata sua era per me il più crudo tormento. Infatti essa consisteva in una trottata al Giardino Inglese, e poi in tre o quattro giri alla marina e non più, al puzzo del mare, delle chiaviche e de' cavalli. – Pena maggiore non mi si poteva dare. Né anche vidi una volta la Villa Giulia, che esso vi avea antipatia! Con sì fatta vita, era ben naturale che mi si alterasse la sanità, perciò mi venne una forte dissenteria anche pel caldo che in [?] era non meno di 30°; poi mali di stomaco, e inappetenza, tanto che io valutai come fortuna quel giorno in cui potei partire.

[**60v**] Ma i neri sono implacabili; non mancarono di calunniare in Roma, e dire che io era stato con Renan, parola talismanica, non per zelo ma per invidia; e in questa parte i preti si segnalarono assai. Sicché mi fu consigliato di fare una visita al Papa per disingannarlo, prendendo il pretesto di avere da lui delle indulgenze pel Marchese. Il Papa capì tutto, e mi sentì per tutta

---

10 Si tratta della Giunta liquidatrice dell'asse ecclesiastico in Roma, organo preposto alla gestione del patrimonio espropriato agli Ordini religiosi.

11 Il Museo Kircheriano, gestito dai gesuiti e ospitato nei locali del Collegio Romano, nel 1870 venne confiscato e divenne un museo statale.

12 Umberto di Savoia (1844-1900), futuro Re d'Italia, assassinato nel 1900.

13 Il Palazzo Reale (o dei Normanni) ospita l'Osservatorio Astronomico di Palermo, dalla fondazione di quest'ultimo (fine XVIII secolo) a tutt'oggi; per andare in Osservatorio Secchi doveva quindi necessariamente accedere al Palazzo.

14 Vedi Diario C(2), "La spedizione scientifica in Sicilia", nota 37.

la storia con pazienza e mi soggiunse 'non badate alle ciarle e tirate avanti che ben vi conosco'.

Ma tanti patemi ebbero il loro effetto, come vedremo.

[*nota a margine* = Viaggio a Cosenza] Avevo promesso a Conti [15] di Cosenza di andare a montare l'osservatorio magnetico, e a Napoli, dove lo vidi, io [**61r**] stava così male che non potei andare con lui fino colà. Rimesso un poco in Roma vidi indispensabile l'andarvi. Vi andai per la via di Foggia e Taranto. La ferrovia si arrestava a Corigliano, donde per vettura in 12 ore si andava a Cosenza. Arrivato verso sera a Corigliano fui accolto alla stazione dal Barone Compagna [16] che era venuto alla stazione colla solita scorta di 6 de' suoi guardiani uniformati che tiene in numero di 200 sempre pronti; per sua sicurezza ne avea al casino suo allora 94. Fu un'accoglienza principesca come a lui conveniva che voleva onorare la scienza. Di gran trotto dalla stazione si fece la salita fino al castello (Fig. 4) che sta sulla cima di Corigliano calabro, a rischio di far schiattare i cavalli; ma il Barone [**61v**]

Fig. 4. Il castello di Corigliano Calabro, in cui Secchi venne ospitato (*crediti*: wikipedia).

[15] Domenico Conti, medico, appassionato di meteorologia, aveva allestito un osservatorio meteorologico a Cosenza e intendeva realizzarne uno geomagnetico, con l'aiuto di Secchi.

[16] Si tratta del Barone Francesco Compagna (1848-1925).

fa sempre così. Fu visitato il superbo castello, alloggio di Rè altre volte, e magnifico locale. Poi un magnifico pranzo, coll'invito delle notabilità del Paese. Il Barone è un giovane compitissimo, buono, liberale in senso buono religioso, tiene un frate per cappellano, ricco assai che non accumula e spende tutto pel bene del paese che ne sono fanatici. Iddio lo conservi, io ne avrò sempre buona memoria.

La mattina appresso di buon'ora, detta la Messa nella cappella del Palazzo, partimmo per Cosenza, continuando a traversare la pianura sibaritica, e il vallo del Crati.[17] Quantum diversus ab illo Sibari!!

Siti miserabili, inospiti! Misere casupole che **[62r]** aggrappate hanno l'onorevole nome di città, senza strade, senza piazze, e pure i particolari sono ricchi. In misere casupole vi servono con tazze e soccoppe d'argento! e li credereste mendichi!! Che gusto. La strada è quasi tutta nella orribile palude del Crati, sito di aria pessima, e spesso inondato. Da un fianco ha i boschi della Sila, dall'altro terreni terziarii arenari e argillosi che franano e colano, e ad ogni inondazione il Crati muta letto lasciando pantani e pozze di acqua qua e là in un letto enorme e variabile che è una vera palude! In questa si sta facendo la ferrovia che non viene però mai a capo.

A una ½ ora circa prima di arrivare a Cosenza vedemmo una sfilata di legni. Era il Sindaco e tutti i signori della città che venivano ad incontrare il celebre P[adre] Secchi. Fu un momento critico.

[**62v**] Si dovette lasciare la vettura e salire in un nobile legno del Sindaco, e spartirci uno in un legno, l'altro in un altro. Erano almeno 14 legni. Non si fece di più pel ministro [?]. Presso Cosenza poi tutta la città letteralmente eravi venuta incontro e fu una festa generale. Tra la folla e i rispettosi saluti entrammo in città e sbarcammo a casa del prof[essor] Conti, che non capiva in sé per la contentezza. Dopo le presentazioni di convenienza e i saluti, i signori si ritirarono e restammo io e gli ospiti.

Il Conti è un ottimo medico e buon cristiano. Ama la meteorologia, ma non capisce molto le difficoltà. Si era imbarcato nella erezione di un osservatorio magnetico senza sapere che cosa fosse, e [**63r**] voleva che io montassi gli strumenti senza più, credendo che fosse cosa di poco, e che poi esso potrebbe fare il resto. Egli è ammogliato alla figlia del notaio ... uomo ricco, ma che sente di esser il padrone, e Conti non conta niente in casa. Quindi l'osservatorio non si poteva fare in casa, perché il vecchio nol voleva, e brontolava forte per l'oss[ervatori]o meteorologico pel quale mai ha voluto l'elettricità.

---

17 Il Crati è il fiume principale della Calabria.

Il dì appresso si cominciò subito dall'aprire la cassa degli strumenti e a cercare il sito ove metterli. Gli strumenti erano i ridicoli gingilli di Lamont,[18] che non valgono un fico, e la località non si trovava. Finalmente si risolvette di metterli in un rimessonaccio a pian terreno che guarda sul Crati, umido, scuro e puzzolente, a cui si accede per una delle sordide viuzze di Cosenza, che tra gli usi molteplici ha quello di servire da chiavica!

[**63v**] Per non far fare cattiva figura a Conti, bisognò adattarsi. Mentre alla meglio si adattava all'uso quel localaccio, mettendovi un pavimento di legno e chiudendo alcune porte, e stabilendo la volta, io mi preparava gli strumenti in casa. Ma ebbi letteralmente da impazzire, perché non avendo alcun registro que' pezzi, era impossibile far imbroccare tutti gli specchi nei cannocchiali. Io era stranito al sommo, e in questo mentre, arriva avviso che [Denza][19] veniva a montare gli strumenti e a determinare le costanti magnetiche. Io che era già strano, figuratevi se mi stranii, dissi che se egli veniva io partiva subito e sarebbe una scenata. Quindi si telegrafò che si fermasse. Con questo [*testo cancellato illeggibile*] [**64r**] avea tanto pregato che gli inviassi gli strumenti magnetici che al fine cedetti, e che fece? Mi guastò le viti del piede dell'inclinometro, facendogliene fare altre che non vanno punto bene e ballano, onde lo strumento è ora irrettificabile senza gran pene. Mi rovinò poi uno de' migliori aghi che non và più bene. È naturale che io non volli prestarglieli più. Ora che ha fatto? Ha brigato e girato tanto, quel traffichino, che è riuscito ad averne una muta, e così ora va girando per Italia facendo quello che avea incominciato a far io, determinando le costanti magnetiche, e voleva venire a Cosenza proprio quando vi era io. Ci andò dopo, e non ebbe cane che gli pisciasse sulla veste, anche spiacque ai cosentini di vederlo vestito da secolare! Tanto è vero ecc. ecc.

Preparata la stanza si misero gli strumenti e si cominciarono [**64v**] le osservazioni. Sont bien que mal, ma prima vollero i cosentini fare due cose; una festa di famiglia e darmi un gran pranzo, e venire più che se fossi ministro, perché vi arrivarono tutti, liberali e cattolici. I primi per la boria della scienza, i secondi per la memoria dei Gesuiti, che non sanno dimenticare ancora, dopo sedici anni che li hanno perduti.

---

[18] Johann von Lamont (1805-1879), professore di astronomia all'Università di Monaco di Baviera, aveva realizzato un particolare tipo di teodolite per misure del campo geomagnetico.

[19] Il nome appare barrato, ma leggibile. I rapporti tra Denza e Secchi erano stati buoni fino al 1870 (vedi Diario C(2), "La spedizione scientifica in Sicilia", nota 44); si erano poi guastati per i motivi che quest'ultimo spiega più avanti, ricomponendosi dopo qualche anno (vedi Chinnici, *Decoding the stars*, cit., nota 5, pp. 321-322).

L'altra fu una lettura [= *conferenza*] su gli strumenti magnetici, sul sole e tutto in pout-pourri che feci in una serata, e piacque infinitamente. In fine vollero una meridiana, e questa fu fatta ex tempore in piazza (Fig. 5).

Soddisfatti così i Cosentini me ne partii, lasciando i magnetometri ben sistemati, e con sufficiente istruzione. Nel mentre che si facevano queste cose, Conti si ammalò di febbre per le fatiche sostenute, e quel [**65r**] correr sù e giù per quelle coste di Cosenza a visitare i malati. Io pure mi sentiva già male, e l'ultimo giorno nel fare la meridiana sentii che avea sintomi di febbre. Ma dissimulai per poter scappare.

Si partì con ottimo congedo e con singolari dimostrazioni di affetto nel paese, ma col germe della febbre in corpo. Si aggiunse che decisi di venire per terra per arrivare a Eboli. Lo feci perché mi si disse che si faceva il viaggio in 21 ore – e ce ne vollero 42. Passammo la notte nella valle del Crati coi soldati sull'imperiale per un tratto di via, perché si temevano briganti! Ma arrivati al ponte che lo traversa sotto ... i cavalli non vollero fare la salita, e si fermarono in mezzo al ponte e non volevano andare avanti e intraversa-

Fig. 5. Tracce della meridiana solare realizzata da Secchi sulla facciata di Palazzo Compagna (*crediti*: Maria Luisa Tuscano).

rono il legno col pericolo di rovesciarci nel fiume. Il corriere era un vecchio minchione balordo [**65v**] che non sapeva più che fare; non sapeva né anche menare ai cavalli. Il postiglione era solo ed era un ragazzo solo, senza aiuto di alcuno, onde veramente eravamo in un serio imbarazzo. Ad evitare il pericolo del rovesciarsi del legno si prese il partito di staccare i cavalli e di lasciare il legno così a traverso, e inviare il postiglione alla stazione di prima postale, per avere dei cavalli. Intanto si abbuja il cielo e comincia un'acqua e una bufera spaventosa! Io era tutto in acqua per la fatica fatta prima onde far camminare i cavalli se era possibile, e mi era impossibile mutarmi perché la [valigia?] stava sull'imperiale, onde mi sentii gelare e mi vidi perduto. Ritorna in [**66r**] quel punto il postiglione, dicendo che alla posta non vi sono cavalli e che i due che vi sono sono malati. – Come era naturale io stranii assai, e ordinai di rivoltare indietro col legno, andare alla posta, levarci da quel ponte che eravi un estremo pericolo di passo di briganti, e tornare su, minacciando al postiglione e al postiere di un rapporto fulminante al prefetto di Cosenza (questi era reggiano, di buona pasta, e avevamo fatto molto amicizia, onde io poteva fare il gradasso). Già alcune di queste cose non avea aspettato a dirle allora, e le avea dette alla partenza del postiglione, e questi le dovea aver riferite al postiere, onde lo dovettero aver svegliato un poco. Infatti nel mentre che stiamo voltando il legno, ecco che si ode una cornetta, ed era un [**66v**] postiglione e con esso il postiere che venivano con due cavalli presi dai particolari per soccorrerci. Veramente erano angeli che venivano, e non uomini, onde calmatici alquanto salimmo al paese di ... e ci mettemmo in via. Non fu possibile cambiarmi se non alla posta vicina, e ciò anche dovetti fare quasi in propatulo, ma pazienza, era notte e non ci si vedeva davvero. La scossa data seguitò a fruttare perché poco sopra al far del giorno i cavalli si impuntarono di nuovo, e io vedendo la dabenaggine del corriere, mi misi a fare io il padrone, e ordinai che si staccassero da un carro due bovi per attaccarli ai cavalli davanti onde andar avanti, e ciò feci sempre gridando forte, e facendomi forte [**67r**] col rapporto al prefetto. Il corriere non era capace di farsi rispettare, e in un punto minacciai anche lui, onde questi pregò i postieri che per riguardo suo proprio ubbidissero. In tutte queste cose conobbi quanta n'a *[testo cancellato]* la popolazione del Regno napoletano. Non si ha rispetto né alla legge né al servizio pubblico, né ai forestieri. E ciò non solo dalla gente bassa, ma anche dalla colta. Ne ebbi un caso a Lauria, dove uno voleva montare per forza, mentre il corriere non voleva prenderlo, e si stette un pezzo a litigare, finché io stanco uscii dallo sportello, e messo il berretto di ufficio in capo al corriere, che bestemmiava come un orso, intimai a nome della legge a quel individuo di scendere, e scese, ma domandandomi: chi siete voi? Risposi: sono chi sono, e lo saprete avanti al prefetto di Napoli. [**67v**] Queste parole gli fecero impressione e si partì. A Lauria montarono due novelli sposi, ai quali fu per via rubato il sacco da notte con entro i danari e le poche gioie della moglie. Io ebbi il baule scucito, ma per fortuna non vi era nulla di buono! Ecco che gente! Tutta quella notte piovve a diluvio, e tutta la mattina, e arrivati a Eboli trovammo allagata la stazione e tutto il treno. Io mi cambiai in un vagone di prima classe ove era solo e presi posto, ma io era già cotto! La bufera era così furiosa che inondava tutto, e non vidi mai il mare così furioso come quella mattina. Presso Napoli **[68r]** le onde scavalcavano i moli di Torre dell'Annunziata come fossero barchette. Le onde erano alte come le case! Era veramente spaventoso. Come a Dio piacque, giunsi a Napoli e mi riposai.

Riposatomi un poco andai all'osservatorio per visitare gli astronomi e dirò appresso che servizio mi fece uno di loro.[20]

Il dì appresso venni a Roma ma sfinito, e due giorni dopo mi si sviluppò una tosse con sputo sanguigno, e febbre che fu la famosa perniciosa che mi portò all'orlo del sepolcro, e che se non erano 40 grani di chinino presi in 4 ore io era spicciato. Questo fu l'esito della spedizione a Cosenza.

Adesso cominciano altri guai.[21]

---

20 Non sappiamo a cosa si riferisce qui Secchi, né a quale degli astronomi di Capodimonte faccia riferimento.

21 Le ultime parole sembrano mostrare l'intenzione di continuare la narrazione, ma non si trovano diari successivi.

INDICE DEI NOMI

Académie des Sciences, xx, 2-3, 19n, 38n, 49n, 88
Accademia di Scienze, Lettere e Arti (Palermo), 111
Aci Castello, 95, 108
Acireale, 95, 108
Acquaviva, 100
Adams J.C., 62, 64
Agalbato F., 110
Aguilar A., 1-2, 9, 11-12, 14, 32
Aguilar C., 9, 10, 30
Airy G.B., 64, 77
Alcover y Sallent J., 9n, 19, 21, 30, 32
Alexander II (zar), 53-54
Alfa Herculis, xvii
Alfa Lyrae, xvii
Alliance (Compagnie de l'), 49
Altavilla, v. Costanza d'A.
America, v. Stati Uniti d'A.
Ancona, xvii
Antonelli G., 40-41, 74, 90, 116-117, 119-120
Apella, 65
Apollo, 52
Appennini, 70
Appia (via), xviii, 75
Arago F., 11, 12n; polariscopio: 20, 29-31
Aragona, 100n
Arcetri (Osservatorio), 97, 109n, 129
Archiac (d'), v. Desmier de St. Simon
Archives Imperiales, v. Archives Nationales
Archives Nationales, 79, 114, 120
Aretusa (fonte), 107
Arno (fiume), 103
Arona, 89
Athys, 49
Augusta, xix, 91-92, 103, 105, 108-109; meridiana: 109
Aurora polare, 96
Australia, 89
Austria, 76n
Badalà Scudero P., 108
Baeyer (von) A., 58n
Baker C., 58
Balard A.J., 66
Baleari (Isole), 12n
Banneville (de) G., 74
Barcellona, 81n
Barili L., 8, 10
Barlocci G.F., 42, 47
Barreda D., 9n, 13, 29
Barrow I.I., 64
Basile A., 107-108
Bassano, 89
Bayer F., 58n
Bayern, 58
Beaumont (de) E., 38, 41, 53
Beck & Beck, 58
Beck J., 58n
Beck R., 58n
Beckx P.J., 104, 116
Becquerel H., 44, 48
Belgieri L., xv
Benincarlo, 23
Berardi G., 74, 89
Berezowski A., 54n
Berkowski J., 2
Berlino (Osservatorio), 122n
Berna, 36, 66-67, 85, 88
Bertsch A., 54
Bessel F.W., 80-81
Bey (Palazzo), 86
Bienaymé I.-J., 66
Big Ben, 58n
Birch S., 61
Birr Castle, 50n
Blondeau C., 66n
Bois de Boulogne, 54
Bologna, xvii, 50
Bonaparte L., 55
Boncompagni B., xviii

Boncompagni U., 100n
Bonghi R., XVI, XX, 132-123
[Bongiovanni?], 55
Bonnechose H., 44
Boscovich R., XVII
Botella y Hornos F., 9n, 12, 24, 32
Boutigny P.H., 48
Brasile, XX
Brera (Osservatorio), 89n
Brett J., 109
Briga (Svizzera), 88
Brioschi F., 65, 97, 99, 101-102
British Museum, 36, 61, 62n
Browning J., 58
Brunetti L., 48
Bullettino Meteorologico, XVIII
Bureau international des poids et mesures, 121-122
Burton C.E., 107

Cacciatore G., 96, 103-106, 108-109, 111
Calabria, XI, 136n
Caldani, 95
Caligny (de), 43, 53
Cambridge (osservatorio), 35, 62; università: 62n, 64
Campidoglio (Osservatorio), IX
Cantoni G., 97-99
Capitaneo, 120
Capodimonte (Osservatorio), v. Napoli
Capri, 114
Carafa G.P., 100n
Carlo V, 108
Carlo Alberto (collegio), 104n
Carmelitani Scalzi, 1, 11
Casalini (F.lli), 41
Casella L.P., 58
Castellani G., XII-XIII, 36, 74n
Castellon de la Plana, 1, 8-9
Castore, 21, 26, 30
Catalogna, 100n
Catania, 95, 108-109
Cauchoix (telescopio), IX, 2, 10, 12
Cayley A., 62, 64
Celesia M., 132
Cepeda A., 8, 9n, 12, 17, 27
Chamouillet, 37-38
Chasles M., 65-66
Chigi F., 39, 114-116, 119, 122
Chousy (de) A., 37, 41, 46, 48
Cialdi A., XVII
Ciclopi (faraglioni), 108
Cipolla A., 37
Cipolletti D., 97-98
Civiltà Cattolica (La), XII-XIII, 40n
Civitavecchia, 75, 95
Cloizeaux, v. Legrand
Cluny (Museo), 53
Codex aureus, 61
Collegio Filosofico, 97
Collegio Illirico, XV
Collegio Romano, XII, XIIIn, XV, 49, 93, 97, 99-101, 121, 133; Osservatorio: IX-X, XVI-XVII, XX, 12, 60, 75, 93, 96-99, 103, 129, 131-132, 134
Colonia, 79
Colosseo, 55
Commissione geodetica internazionale (congresso), 73, 75, 83, 114, 117
Compagna F., 135-136, 138
Compagnia di Gesù, XV-XVI, 56, 61, 71n, 96, 98-100, 114, 116n, 134, 137
Comune parigina, 55n
Congresso Scienziati Italiani (1875), XX, 129, 131, 133-134
Conservatoire des Arts et Métiers, 40, 44n, 54, 75n, 78-80, 82, 84-85, 87, 114, 117, 119
Conti D., 135-138
Corallo, 104
Corigliano Calabro, 135
Cornoldi G.M., XVII
Corot A., 38n
Correnti C., 97-98
Cosenza, XIII, 129, 131-132, 135-140; meridiana: 138
Cosmos, 39n
Costa, 109
Costantini Baldini P.D., 40n
Costantino D., 102n
Costanza d'Altavilla, 102
[Covilles?], 27
Crati, 136-138
Crépin J., v. Havelt
Cröy Solre A.E., 53
Cumplido F.G., 1n
Curia Generalizia dei Gesuiti, X

Dallmayer J.H., 58
Darboy G., 55
Daubrée G.-A., 39
Delambre J.-B., 80-81, 83
Deleuil J.-A., 51

Deleuil L.-L., 51n
Dent E.J., 58
De Vico F., XV-XVI
De la Rive A., 47, 66
De la Rue W., XIX, 3, 47, 58, 60
Delaunay C.-E., 40, 86-87, 114, 117
De Luca F., 65
Denza F., 104-105, 108
De Palma (costruttori), 95
Depit, 126
Derosier, 44
De Rossi M.F., 42n, 44
Descartes R., 66
Desmier de St. Simon E.J.A., 44
Desrosiers, 44n
Detouche C.-L., 37, 43, 50
Dialysseum, 42
Diamilla Müller D.E., 97-98
Dionisio (Orecchio di), 108
Döllinger (von) I., XII, XIIIn
Dollond (costruttori), 106
Donati G.B., 109
Dove H.W., 46, 49
Duboscq J., 41
Dumas J.-B., 42
Dunkerque, 81n

Eboli, 140
Ebridi (Isole), 108n
Eclissi totali di sole; 1860: XI, XIX, 1, 3, 6-7, 15, 19, 25-26, 30-31; 1868: 91; 1869: 91; 1870: XII, XIX, 91, 94, 99, 105, 108n, 109; ombre serpeggianti: 110
Ecole Normale Supérieure, 39n, 74
Ecuador, 83
Edoardo VII, v. Galles
Eliotropo, 63, 84
Embriaco G.B., 50
Eolie (Isole), 103n
Ertel (von) G., 71n
Ertel (von) T.L., 71
Eta Argi (nebulosa), 60
Etna, 103, 108n, 109
Euclide, 64
Eugenia (imperatrice), 48
Europa, 75
Exposition Universelle, XVII, XIX, 35, 37, 44n; palazzo: 39, 41, 43, 53

Fabbroni G., 79
Faura F., 110
Faustino (p.), v. Miguez
Faye H., 77, 81, 83, 85
Federico II, 102n
Fenice (Teatro), 37n
Fergola E., 95
Ferrara, XVII
Ferrari S., XVI
Festugière N., 41
Figaro (Le), 56
Figuier L., 40
Fingal (isola), 108
Firenze, 89, 99, 135
Fitzroy R., 62
Fizeau H., 53, 87
Flaud H., 40, 47
Floristella, v. Pennisi di F.
Foerster W., 122, 124
Foggia, 135
Fortin (barometro), 22
Foscolo, 95n, 103
Foucault L., 42, 45-47, 50, 87
Francia, XX, 11-12, 36, 39n, 42, 47, 74-75, 76n, 90, 113, 116, 118, 121; Terza Repubblica: 116n
Francisco de Jesus, v. Priore
Fraunhofer (telescopio), 2, 12, 23
Frick, 49
Frossard C.A., 76

Galles (principe di), 62
Gandia, 100
Ganot A., 42
Gassendi P., 66
GATE, X, XIVn
Gautier E., 66n
Gela, v. Terranova
Georgetown (Collegio), XV
Gesuiti, v. Compagnia di Gesù
Giacomelli F., 99
Ginevra, 36, 66, 74, 88; Osservatorio: 67n; Biblioteca: 67n
Giordano F., 37, 40
Giornale di Roma, 3, 30, 101
Giove (pianeta), 20-21, 27, 30-31, 104
Giove (divinità), 60
Giunone (divinità), 60
Giunta liquidatrice, 134
Glaisher J., 58
Glasgow, 60n
Gori (de), 50, 53
Govi G., 114, 120, 122, 125-126

Gramont (de) A., 74
Grand Prix, XIX, 35
Greenwich (Osservatorio), 35, 58, 59n, 64; telescopio equatoriale: 58-59
Gregorio XIII, 100
Grindelwald, 67-68, 70
Grotta Azzurra, 68
Guerra franco-prussiana, 73

Harkness W., 107
Harvard Observatory, XVII
Havelt (de), 37-38, 41, 44, 47
Hawkhurst, 59
Hébert E., 46
Heer O., 77, 81
Henry J., 78
Herschel J., 36, 59-60
Herschel W., 59n, 60
Hilgard J.E., 114, 117-118
Hipp M., 50, 71
Hirsch A., 77, 80-81, 83, 87, 121, 125
Hofmann (spettroscopio), 106
Hoffmann J., 49
Holtz W.T., 42, 54
Hüe A.-F., v. Caligny
Huggins W., 36, 58
Husney Bey, 120

Ibañez C., 77, 81, 83
Immaculée Conception (collegio), 55n
Inghilterra, XII, 35-36, 56
Institut de France, 38, 40, 65, 73, 78
Interlaken, 67n, 70
Irlanda, 60n
Istituto Pontano (Napoli), 96
Italia, XIV, 38, 113, 116; regno: 50, 65n, 74, 76, 82n, 89, 93, 96, 97n, 98n, 117, 120n, 134
Italie (L'), 118

Jacobi (von), M.H., 47, 49, 56, 84
Jones (declinometro), 2, 12, 22

Kempis (da) T., 66
Kew (Osservatorio), 35, 61
King's College, 62
Koenig K.R., 50
Koenigsberg (Osservatorio), 2

La Cecchina (Casa di Esercizi), X
Laisné J.-C., 43, 46
Lamarmora A., 99n
Lamont (von) J., 71, 137
Lang (von) V., 81
Lartet L., 44
La Sapienza (Università), XVI, 93, 99, 101
Las Palmas (Desierto), XI, XIX, 1, 3, 9n, 11
Latona, 52
Laugier P., 77
Lauria, 140
Lauterbrunner, 67
Laval, 66n
Lavigne A., 71
Lavoisier (de) A.-L., 42
Légion d'Honneur, XX, 55
Legrand A.L.O., 46
Leguier, 49
Lenoir J.J.E., 49, 80
Le Play, v. Leplay
Leplay F., 56
Lerebours, 17; telescopio: 2, 12, 30
Lescarbault E.M., 26
Les Mondes, 39n
Le Soleil, XVII, XIX, 75, 88, 109, 121
Le Stelle, XIX
Leuchtenberg (Principe di), 48
Leverrier U.J., 26n, 37, 46, 55, 62n, 86, 122
Leviatano (telescopio), 60n
Lezioni di Fisica Terrestre, XIX
Liebig (von) J., 51
Lieusaint, 83n
Lissajous J.-A., 47
Lockyer N., 108n
Lockyer W., 109
Lombardia, XII
Londra, XIIIn, XX, 35n, 57, 58n, 59, 65; Hill Street: 57
Longhaye G., 72
Loreto, XV
Luce (La), 111
Lucerna, 70
Luce zodiacale, 25
Luna, 12, 17-18, 20, 26-27, 29-31, 40n, 64, 104, 107
Lütschine, 69

MacMahon (de) P., 76
Macy, 115
Madrid, 1, 8, 32; Accademia delle Scienze: 1n; Istituto Tecnico per Ingegneri: 1n; Museo di Storia Naturale: 1n; Osservatorio: XIIIn, 1, 9, 12
Maedler J.H., 31

Magnus H.G., 47, 49
Malvasia Tortorelli E., 41
Mangon H., 42
Manila (Osservatorio), 110n
Manning H.E., 61
Marchetti F., VIII, XI-XII, XIIIn, 3, 11, 36, 45, 48, 54, 96, 116-117
Marié-Davy H., 42, 86
Marina Militare Italiana, 91-92
Marsiglia, 76
Masetti, 50
Mascheroni L., 79
Mathieu C.-L., 77, 85, 116-117
Maury A., 79
Maury M., 71
Mayenne, 66n
Mayo A., 9n, 12, 29
Méchain P., 80n, 83n
Mège J.P., 77-78
Melloni M., 12n; termomoltiplicatore: 2, 12
Melun, 83
Memorie dell'Osservatorio del Collegio Romano, XVIII, 2
Mentana, 78
Mercurio (pianeta), 26n
Merz G. & S., 71
Merz (telescopio), IX, XVI, 103
Messina, 95, 103, 109; università: 103
Metro (Conferenza Internazionale), XII, XX, 36, 54n, 73-74, 113, 116
Miguez F., 8
Milano, 74, 89
Miller W.H., 62, 77, 81
Minerva (biblioteca), 53
Minerva (tempio), 107
Minimi (Frati), 104
Mission de France (gesuiti), 76
Modena (Osservatorio), 74, 89
Mohn H., 77
Moigno F., 39
Moleti, v. Saya Moleti
Molza U., 41
[Momms?], 58
Monaco (di Baviera), 70, 71n, 137n
Moncalieri, 104n
Moncayo, XIIn
Moncenisio, 117
[Monroy?], 58
Monserrat y Riutort J., 8, 9n, 10, 13, 24
Monte Porzio Catone, IX
Montsouris (parco), 74, 86
Morin A., 40, 54, 75, 77, 81, 83, 85, 118, 121-122, 124-125
Morse (telegrafo), 12, 15-16
Mortemart H., 53
Moulin, 44n
Moustier L., 78n
Moustier R., 78
Mulini (Capo), 108n
Müller, v. Diamilla M.
Museo Astronomico e Copernicano, IX, XI
Museo Kircheriano, 134

Nadar, 52, 54
Napoleone III, XX, 48, 54, 55n, 74-75, 76n, 78
Napoli, 37n, 95, 101, 135, 139-140; Istituto tecnico: 95; Osservatorio (Capodimonte): 95, 140; università: 65n
Nardi A., 104
Natoli L., 103
Nettuno (pianeta), 62
Newton I., 36, 59, 64-66, 67n
Nicola II (zar), 48n
Nigra C., 120
Ninive, 62
Nizza, 71n
Nobile A., 95, 104-105
Norfolk, 60
Normandia, 44n
Notre-Dame de Paris, 49
Novella y Contreras E., XIIIn

Oberland, 67n, 70
Olivar (Oratorio), 1n
Omero, 60
Omodei, 107
Ordine della Rosa, XX
Orione (nebulosa), 55, 60
Ossola (valle), 88
Oxford (Università), 62

Padova, 48
Padula, 65
Palermo, XX, 93, 95-96, 102, 109, 111, 129, 132-134; Cattedrale: 102; Giardino Inglese: 134; Osservatorio: 96, 103n, 106n, 111, 134; Palazzo Reale: 134; Università 134; Villa Giulia, 134
Pallotti, 8
Palmieri L., 96; elettrometro, 89
Palomba C., 96

Panizzi A., 61, 64
Paolo IV, 104
Paolotti, v. Minimi
Papa, v. Pio IX
Parigi, XII, XIX-XX, 2, 35-36, 39n, 43-44, 49, 55n, 60, 62, 65; 73, 75-76, 78, 83n, 86n, 87, 106n, 113-114, 117, 120n, 122, 126; Campo di Marte: 41, 44; Champs Elisées: 53; Gare du Nord: 38; Osservatorio: 37, 73-74, 86-87, 114; Rue du Bac: 44; Rue des Postes: 39, 49, 54, 114; Rue de Vaugirard: 55-56
Pascal B., 36, 60, 64-66
Pascal J., 65
Paternò Castello, v. S. Giuliano
Paternò di Spedalotto, 102, 134
Pedro II, XX
Peligot E.-M., 44, 49
Pellegrini di Terrasanta, 44
Pennisi di Floristella A., 108
Pentland J.B., 62
Perù (tesa del), 83
Peruzzi U., 139
Pestagua (conte di), v. Valcarcel
Petrarca, 8
Pianciani G.B., XV
Piccirillo C., 40
Pilato (Ponzio), 127
Pio IX, XVII, 1, 10, 40n, 44n, 74-75, 89, 93, 98, 102, 103n, 104, 111, 113-115, 117-118, 120-121, 123, 126-127, 132, 134
Pistoia, 89
Pizcueta y Donday J., 8
Plantamour E., 67, 71, 88
"Plebiscito" (nave), 91-92, 103, 105
Polluce, 21, 30
Pompei, 95
Pontificia Università Gregoriana, VII, IX-XI, 1n
Porrettana (strada), 89
Porta Pia, 74, 93, 99n
Prazmowski A., 3n
Priore Carmelitani, 9n, 10-11, 32
Pritchard C., 62, 64
Prudhomme, 43, 46, 71
Prussia, 75
"Psiche" (nave), 108
Puissant L., 81
Puy-le-Lome H., 49

Quatrefages J.J.A., 49
Quito, 83

Radau R., 67
Ragazzini P., 99, 101
Ramsden J., 87; oculare: 12
Reggio Emilia, XV, 74, 89
Regnault H.-V., 49
Rémusat (de) C., 121
Renan E., 129, 132-134
Renania, 79n
Repsold (strumento dei passaggi), 2, 24
Rhumkorff H.D., 42
Ricci G., 82, 89, 115, 119-120, 122-127
Rico y Sinobas M., 23
Riforma Osservatori, XX, 129, 133
Rivabellosa, 3
Robinson (anemometro), 12
Roehampton, 61
Roma, IX, XV-XVII, 3, 30, 39n, 55, 62, 74-76, 88-89, 93, 95-97, 99n, 104, 108, 113, 116-118, 120, 126-127, 135, 140; Osservatorio astronomico (INAF): VII, IX, XV-XVII, 55n
Romania, 120-121
Romanowsky, v. Leuchtenberg
Rosse (Lord), 60
Rouen, 44n
Roulin, 65
Royal Astronomical Society, 62
Royal Meteorological Society, 59n
Royal Society, XX, 59
Russia, 44n, 48, 53

S. Andrea al Quirinale, XV
S. Carlo (teatro), 37n
S. Francesco Borgia, 100
S. Francesco di Paola, 104n
S. Giuliano (marchese di), 109
S. Ignazio, 56, 100; chiesa: XVI
S. Juan (eremo), 2, 9n, 10, 22, 25
S. Martino, 127
S. Miguel (eremo), 2, 9, 10, 12-13, 23-25
S. Rosalia, 102
St. Claire Deville H., 39, 44, 51, 54, 86, 115
St. Claire Deville C., 39, 44, 86
St. Géneviève (collegio), 39n
St. Géneviève (biblioteca), 53
St. John's College, 62, 64
Sabine E., 58
Salamanca, 13
Salleron J., 42, 89
San Pietroburgo, 49; Osservatorio: 67
Sanchez G., 20, 27, 31

Santa Flavia, 102n
Santa Sede, 113, 115, 117-20, 122, 124
Santucci V., 30
Saya Moleti, 110
Scarpellini C., XIII
Schiaparelli G.V., VII, XVIII, 74, 89
Schiavoni F., 96
Schiller F., 60
Schjellerup, XVII
Science Illustrée (La), 40n
Sciuto Patti C., 108
Scolopii (Padri), 99, 109n
Scozia, 108n
Secchi G.A., XV
Secchi (meteorografo), 12n, 35, 37, 40n, 42, 53, 65
Secretan A.F., 88
Seguenza G., 109
Sella Q., 98, 133
Senna, 49
Sergent (cronometro), 22
Serpieri A., 109
Sherburn M.H., 56
Sibari, 136
Sicilia, X, XII-XIII, XIX-XX, 95, 96n, 99, 129, 131-132
Siemens (von) W., 48-50
Sila, 136
Sinibaldi, v. S. Rosalia
Siracusa, 95, 107; castello: 107; museo archeologico: 107
Sistema Iberico, XIIIn
Società Astronomica Italiana, 93
Società degli Spettroscopisti Italiani, 93
Società Geografica Italiana, 97n
Sole, XVII, 12, 15, 17-27, 29-31, 104; corona: 13, 17-21, 25, 27, 29-32, 91, 93, 95, 106, 107, 109; granulazione: 64; macchie: 17, 25, 27, 96; interazioni terra-sole: 61n; protuberanze: 18-21, 27, 29-32, 106-107; spettro: 13, 24, 107, 130
Soleil J.-B., 41
Soret J.-L., 66n
South Kensington (Museo), 59
Spagna, IX, XI, 1-4, 8, 23n, 44n, 91
Specola Vaticana, 104n
Spedalotto, v. Paternò di S.
Spicheren, 76
Stas J.S., 115, 124
Statella A., 107-108
Stati Uniti d'America, XV, 44n, 101, 117
Stato Pontificio, XVI-XVIII, XX, 37n, 40n, 43n, 93, 120
Steinheil (von) C.A., 81; telescopio: 2, 9, 12
Stewart B., 61
Stone E.J., 58
Stonyhurst (Collegio), XV, 35, 56-57, 61
Struve F.W., XVI
Struve O.W., 77-78, 124
Svevia, 102n
Svizzera, XII, 35-36, 88
Swan J., 60

Tacchini P., VII, XX, 91, 93, 114, 129, 132
Tagliarini A., 106
Tapman v. Tupman
Tarantella, 108
Taranto, 135
Tedeschi G., 97, 99, 101, 125
Teisserenc de Bort L., 115
Terranova, 91, 109
Tevere, XVIII
Thénard A.P.E., 49
Thénard J.L., 49n
Thiers A., 116, 118, 121, 125-126
Thiers (Madame), 126
Todaro F., 110
Tolfa (contessa della), 100
Torino, XII, 104
Torre Annunziata, 140
Tournachon, v. Nadar
Tresca H., 54, 77, 81, 85, 87, 114-117, 119-123, 125
Trinity College, 62
Troughton (cerchio meridiano), 64
Tunisi, 86
Tupman G.L., 58
Tyndall J., 48

Umberto di Savoia, 134
Unità delle Forze Fisiche, XVII-XVIII
Univers (L'), 118
USA, v. Stati Uniti

Valcarcel y Castillo J.R., 8
Valencia, 1, 8, 12
Valente N., 96
Varsavia (Osservatorio), 3n
Vassalli A.M., 79
Vaticani (Palazzi), 113
Vaticano, v. Santa Sede
Venere, 20-21, 27, 30-31

Venezia, 37n, 117
Venier P., 37
Verneuil (du) P.E., 44
Versailles, 52
Vescovali A., 38, 43
Vesuviano (Osservatorio), 96n
Vicente del Carmelo, v. Priore
Victoria & Albert Museum, 62n
Vie de Jésus, 132
Vienna, 75
Vilanova y Piera J., 8
Villarceau Y., 114
Villasmundo, 109
Vinader J., 9n, 13
Virgen del Carmen (eremo), 2, 3, 5, 9n, 10, 12, 22, 24
Vosgi (monti), 78
Vulcano (isola), 103
Vulcano (pianeta intramercuriale), 26n

Washington, xv
Weld E., 56
Westminster (cattedrale), 36, 59, 61n
Wheatstone C., 48, 59, 61
Wild (von) H., 67, 77, 84
Woerth, 76

Zantedeschi F., 105

INDICE

Prefazione, di Paolo de Bernardis . . . . Pag. V

Introduzione, di Ileana Chinnici . . . . » VII

Valore storico-scientifico dei diari di Secchi . . . . » VIII
Il fondo Secchi dell'Osservatorio Astronomico di Roma » IX
Il fondo Secchi della Pontificia Università Gregoriana . » X
I documenti trascritti: selezione e descrizione . . . . » X
Criteri di trascrizione . . . . » XIV

Note biografiche . . . . » XV

Ringraziamenti . . . . » XXI

DIARI E APPUNTI

La spedizione scientifica in Spagna per l'eclisse totale di sole del 1860 . . . . » 1
Trascrizione (AOAR I.D.213) Cronaca della spedizione in Spagna per l'eclisse del 1860. Luglio . . . . » 8
Appendice: Trascrizione (AOAR I.D.218) Meteorologia. Eclisse del 1860 . . . . » 22

Viaggio a Parigi per l'*Exposition Universelle*, proseguimento in Inghilterra e ritorno per la Svizzera (1867) . . . . » 35
Trascrizione Diario A - APUG FS 23.II.A. Esposizione del 1867. Viaggio in Inghilterra e ritorno per la Svizzera » 36

Primo viaggio a Parigi per la conferenza internazionale del metro (1870) . . . . » 73
Trascrizione Diario C(1) - APUG FS 23.II.C (ff. 1-26) Viaggio a Parigi pel metro . . . . » 74

La spedizione scientifica in Sicilia per l'eclisse totale di sole del 1870 . . . . . Pag. 91

Trascrizione Diario C(2) - APUG FS 23.II.C (ff. 27-56) Viaggio in Sicilia per l'eclisse . . . . . » 95

Secondo viaggio a Parigi per la conferenza internazionale del metro (1872) . . . . . » 113

Trascrizione Diario D(1) - APUG FS 23.II.D . . . . . » 114

Viaggio in Sicilia per il XII Congresso degli scienziati italiani e a Cosenza per l'installazione di un osservatorio geomagnetico (1875) . . . . . » 129

Trascrizione Diario D(2) - APUG FS 23.II.D. Viaggio in Sicilia 1875 (ed a Cosenza) . . . . . » 132

Indice dei nomi . . . . . » 141

FINITO DI STAMPARE
PER CONTO DI LEO S. OLSCHKI EDITORE
PRESSO ABC TIPOGRAFIA • CALENZANO (FI)
NEL MESE DI NOVEMBRE 2022

MUSEO GALILEO - ISTITUTO E MUSEO DI STORIA DELLA SCIENZA

Pubblicazioni

BIBLIOTECA DI «NUNCIUS»

STUDI E TESTI

1. *Studies in Medieval Natural Philosophy*. A cura di S. Caroti. 1989, VIII-334 pp.
2. MARIA TERESA MONTI, *Congettura ed esperienza nella fisiologia di Haller. La riforma dell'anatomia animata e il sistema della generazione*. 1990, 276 pp. con 25 figg. f.t.
3. SILVIO A. BEDINI, *The Pulse of Time. Galileo Galilei, the Determination of Longitude, and the Pendulum Clock*. 1991, XIV-134 pp. con 1 tav. f.t. e 52 figg. f.t.
4. *Archimede. Mito, Tradizione, Scienza*. A cura di C. Dollo. 1992, X-488 pp.
5. *I Riccati e la cultura della Marca nel Settecento europeo*. A cura di G. Piaia e M.L. Soppelsa. 1992, XVI-416 pp. con 42 tavv. f.t. di cui 1 a colori.
6. FRANCO PIVA, *Anton Maria Lorgna. La biblioteca di uno scienziato settecentesco*. 1992, 140 pp.
7. GIULIO MALTESE, *La storia di «F = ma». La seconda legge del moto nel XVIII secolo*. 1992, XII-232 pp.
8. EZIO VACCARI, *Giovanni Arduino (1714-1795). Il contributo di uno scienziato veneto al dibattito settecentesco sulle scienze della Terra*. 1993, XVI-408 pp. con 9 ill. f.t.
9. GABRIELE BARONCINI, *Forme di esperienza e rivoluzione scientifica*. 1992, 196 pp.
10. *Geometria e atomismo nella scuola galileiana*. A cura di M. Bucciantini e M. Torrini. 1992, VIII-214 pp. con figg. n.t.
11. *Non-Verbal Communication in Science prior to 1900*. Edited by R.G. Mazzolini. 1993, XII-622 pp. con 248 ill. in b.n. n.t. e 52 ill. a colori f.t.
12. *Un viaggio in Europa nel 1786. Diario di Barnaba Oriani astronomo milanese*. A cura di A. Mandrino, G. Tagliaferri, P. Tucci. 1994, 228 pp. con 1 ill. a colori e 8 figg. in b.n. f.t.
13. MARCO BERETTA, *A New Course in Chemistry. Lavoisier's first Chemical paper*. 1994, 104 pp. con 9 figg. n.t.
14. ROMANO GATTO, *Tra scienza e immaginazione. Le matematiche presso il collegio gesuitico napoletano (1552-1670)*. 1994, 394 pp.
15. *Restaging Coulomb. Usages, controverses et réplications autour de la balance de torsion*. Edited by C. Blondel and M. Dörries, 1994, 168 pp. con 16 figg. n.t. e 4 tavv. f.t.
16. MARCO BERETTA, *Bibliotheca Lavoisieriana. The catalogue of the library of Antoine Laurent Lavoisier*. 1995, 364 pp. con 17 figg. n.t.
17. MARCO CIARDI, *L'atomo fantasma. Genesi storica dell'ipotesi di Avogadro*. 1995, 224 pp.
18. LUCA CIANCIO, *Autopsie della terra. Illuminismo e geologia in Alberto Fortis (1741-1803)*. 1995, 388 pp. con 1 ill. f.t.
19. MASSIMO BUCCIANTINI, *Contro Galileo. Alle origini dell'«affaire»*. 1995, 222 pp.
20. *La politica della Scienza. Toscana e stati italiani nel tardo Settecento*. A cura di R. Barsanti, V. Becagli e R. Pasta. 1996, X-590 pp.
21. *La diffusione del copernicanismo in Italia (1543-1610)*. A cura di M. Bucciantini e M. Torrini. 1997, VIII-276 pp. con 8 figg. n.t.
22. GIOVANNA FERRARI, *L'esperienza del passato. Alessandro Benedetti filologo e medico umanista*. 1996, 360 pp. con 1 ill. n.t.
23. SUSANA GOMEZ LOPEZ, *Le passioni degli atomi. Montanari e Rossetti: una polemica tra galileiani*. 1996, 242 pp.
24. *La nouvelle physique du XIVe siècle*. Études éditées par S. Caroti e P. Souffrin. 1997, 352 pp.
25. AMALIA BETTINI, *Cosmo e Apocalisse. Teorie del millennio e storia della terra nell'Inghilterra del Seicento*. 1997, 322 pp.

26. Silvia Mazzone - Clara Silvia Roero, *Jacob Hermann and the diffusion of the Leibnizian calculus in Italy*. 1997, xiv-558 pp.
27. *Marcello Malpighi, Anatomist and Physician* edited by D. Bertoloni Meli. 1997, xii-326 pp. con 28 figg. n.t. e 4 tavv. f.t.
28. Patrice Bret, *Lavoisier et l'*Encyclopédie méthodique. *Le manuscrit des régisseurs des Poudres et salpêtres pour le* Dictionnaire de l'Artillerie *(1787)*. 1997, 204 pp. con 20 figg. n.t.
29. Franco Aurelio Meschini, *Neurofisiologia cartesiana*. 1998, 160 pp.
30. Marco Segala, *I fantasmi, il cervello, l'anima. Schopenhauer, l'occulto e la scienza*. 1998, 252 pp.
31. *Giambattista Aleotti e gli ingegneri del Rinascimento*. A cura di A. Fiocca. 1998, xxvi-466 pp. con 16 tavv. f.t. e ill. n.t.
32. *Journals and History of Science*. Edited by M. Beretta, C. Pogliano and P. Redondi. 1998, viii-272 pp. con ill. n.t.
33. *Francesco Redi, un protagonista della scienza moderna. Documenti, esperimenti, immagini*. A cura di W. Bernardi e L. Guerrini. 1999, xii-392 pp. con 25 ill. f.t. e 4 a colori.
34. Marco Ciardi, *La fine dei privilegi. Scienze fisiche, tecnologia e istituzioni scientifiche sabaude nel Risorgimento*. 1999, 352 pp. con 3 figg. n.t.
35. Franco Giudice, *Luce e Visione. Thomas Hobbes e la scienza dell'ottica*. 1999, x-182 pp.
36. Germana Pareti, *Il cancro dell'imperatore. Dalla teoria cellulare alle ipotesi oncogenetiche*. 2000, 220 pp.
37. Filippo Camerota, *Il compasso di Fabrizio Mordente. Per la storia del compasso di proporzione*. 2000, 300 pp. con 21 tavv. f.t. e 134 figg. n.t.
38. Antonio Borrelli, *Istituzioni scientifiche medicina e società. Biografia di Domenico Cotugno. (1736-1822)*. 2000, xii-272 pp.
39. Jean-François Stoffel, *Bibliographie d'Alexandre Koyré*. 2000, xxiv-196 pp.
40. *Il ruolo sociale della scienza (1789-1830)*. A cura di F. Abbri e M. Segala. 2000, vi-178 pp.
41. Ottavio Besomi, Michele Camerota, *Galileo e il Parnaso Tychonico. Un capitolo inedito del dibattito sulle comete tra finzione letteraria e trattazione scientifica*. 2000, vi-276 pp.
42. Domenico Laurenza, *De figura umana. Fisiognomica, anatomia e arte in Leonardo*. 2001, xxxii-242 pp. con 29 tavv. f.t.
43. Simone Contardi, *La casa di Salomone a Firenze. L'Imperiale e Reale Museo di fisica e storia naturale (1775-1801)*. 2002, xx-324 pp. con 8 tavv. f.t.
44. *Giambattista Riccioli e il merito scientifico dei Gesuiti nell'età barocca*. A cura di M.T. Borgato. 2002, xviii-484 pp. con 29 figg. n.t.
45. Guido Alliney, *Time and Soul in Fourteenth Century Theology. Three Questions of William of Alnwick on the Existence, the Ontological Status and the Unity of Time*. 2002, lxiv-194 pp.
46. *G.B. Hodierna e il «Secolo Cristallino»*. Atti del convegno di Ragusa, 22-24 ottobre 1997. A cura di M. Pavone e M. Torrini. 2002, x-346 pp. con 3 figg. e 2 tavv. n.t.
47. Domenico Laurenza, *La ricerca dell'armonia. Rappresentazioni anatomiche nel Rinascimento*. 2003, x-142 pp. con 22 tavv. f.t.
48. Marco Piccolino, *The Taming of the Ray. Electric Fish Research in the Enlightenment, from John Walsh to Alessandro Volta*. 2003, xiv-222 pp. con 10 tavv. f.t.
49. *Musa Musaei. Studies on Scientific Instruments and Collections in Honour of Mara Miniati*. A cura di M. Beretta, P. Galluzzi, C. Triarico. 2003, viii-488 pp. con 28 figg. n.t. e 50 tavv. f.t.
50. Natacha Fabbri, *Cosmologia e armonia in Kepler e Mersenne. Contrappunto a due voci sul tema dell'*harmonice mundi. 2003, 282 pp. con 11 figg. n.t.
51. *The Routes of Learning. Italy and Europe in the Modern Age*. Edited by F. Abbri and M. Segala. 2003, x-144 pp. con 3 tavv. f.t.

52. Quia inter doctores est magna dissensio. *Les débats de philosophie naturelle à Paris au XIVe siècle*. A cura di S. Caroti e J. Celeyrette. 2004, x-242 pp.
53. *When Glass matters. Studies in the History of Science and Art from Graeco-Roman Antiquity to Early Modern Era*. Edited by M. Beretta. 2004, xiv-358 pp. con 18 figg. n.t. e 18 tavv. f.t.
54. *Figure dell'invisibilità. Le scienze della vita nell'Italia d'Antico Regime*. Atti delle giornate di studio Milano-Ginevra, novembre 2002 - giugno 2003. A cura di M.T. Monti e M.J. Ratcliff. 2004, xxii-306 pp. con 4 figg. n.t. e 3 tavv. f.t.
55. Giovanni di Pasquale, *Tecnologia e meccanica. Trasmissione dei saperi tecnici dall'età ellenistica al mondo romano*. 2004, vi-410 pp. con 64 figg. n.t.
56. Sandra Linguerri, *Vito Volterra e il Comitato talassografico italiano. Imprese per aria e per mare nell'Italia Unita (1883-1930)*. 2005, xii-274 pp.
57. Antonio Cadeddu, *Les vérités de la science. Pratique, récit, histoire: le cas Pasteur*. 2005, xviii-282 pp.
58. *Girolamo Fracastoro: fra medicina, filosofia e scienze della natura*. Atti del Convegno internazionale di studi in occasione del 450° anniversario della morte, Verona-Padova 9-11 ottobre 2003. A cura di A. Pastore e E. Peruzzi. 2006, iv-364 pp. con 3 figg. n.t. e 9 tavv. f.t.
59. Luigi Pepe, *Istituti nazionali, accademie e società scientifiche nell'Europa di Napoleone*. 2005, xxx-524 pp.
60. *Scienza a due voci*. A cura di R. Simili. 2006, xx-374 con 8 figg. n.t. e 5 tavv. f.t.
61. *Scienza e teologia fra Seicento e Ottocento. Studi in memoria di Maurizio Mamiani*. A cura di C. Giuntini e B. Lotti. 2006, x-150 pp.
62. *Advancements of Learning. Essays in Honour of Paolo Rossi*. Edited by J.L. Heilbron. 2007, viii-276 pp.
63. *More than pupils. Italian Women in Science at the Turn of the 20th Century*. Edited by V.P. Babini and R. Simili. 2007, xviii-216 pp.
64. *Mechanics and Cosmology in the Medieval and Early Modern Period*. Edited by M. Bucciantini, M. Camerota, S. Roux. 2007, xvi-212 con 13 figg. n.t.
65. *Anna Morandi Manzolini. Una donna fra arte e scienza. Immagini, documenti, repertorio anatomico*. A cura di M. Focaccia. 2008, x-268 pp. con 10 tavv. f.t. a colori.
66. *Lucrezio, la natura e la scienza*. A cura di M. Beretta e F. Citti. 2008, vi-240 pp. con 5 figg. n.t.
67. Giulia Giannini, *Verso Oriente. Gianantonio Tadini e la prima prova fisica della rotazione terrestre*. 2012, xviii-164 pp. con 2 figg. n.t.
68. *Seneca e le scienze naturali*. A cura di M. Beretta, F. Citti e L. Pasetti. 2012, vi-276 pp. con 5 figg. n.t.
69. *I Pronostici di Domenico Maria da Novara*. A cura di F. Bònoli, G. Bezza, S. De Meis, C. Colavita. 2012, viii-320 con 35 figg. n.t.
70. Elisabetta Ulivi, *Gli abacisti fiorentini delle famiglie 'del Maestro Luca', Calandri e Micceri e le loro scuole d'abaco (secc. XIV-XVI)*. 2013, x-298 pp. con 27 figg. n.t.
71. Angela Bandinelli, *Le origini chimiche della vita. Legami tra la Rivoluzione di Lavoisier e la Biologia di Lamarck*. 2013, x-254 pp. con 2 figg. n.t.
72. Roberto Angeloni, *Unity and Continuity in Niels Bohr's Philosophy of Physics*. 2013, xii-212 pp.
73. Francesco Crapanzano, *Koyré, Galileo e il 'vecchio sogno' di Platone*. 2014, xiv-170 pp.
74. *Metamorfosi tra scienza e letteratura*. A cura di F. Citti, L. Pasetti, D. Pellacani. 2015, xxiv-266 pp.
75. *Il culto di Epicuro. Testi, iconografia e paesaggio*. A cura di M. Beretta, F. Citti, A. Iannucci. 2015, vi-314 pp.

76. *The* Baroulkos *and the* Mechanics *of Heron*. A cura di G. Ferriello, M. Gatto, R. Gatto. 2016, 434 pp. con 182 figg. n.t.
77. Miriam Focaccia, *Uno scienziato galantuomo a via Panisperna: Pietro Blaserna e la nascita dell'Istituto fisico di Roma*. 2016, iv-204 pp. con 4 tavv. f.t. b/n.
78. Giovanni Piccardi, *La Farmacia Granducale di Firenze*. 2018, viii-134 pp. con 8 tavv. f.t. a colori.
79. Leonardi Bigolli Pisani *vulgo* Fibonacci, *Liber Abbaci*. Edidit E. Giusti adiuvante P. D'Alessandro. 2020, cxviii-824 pp. con 22 tavole f.t. a colori.
80. *Appunti di un gesuita scienziato. I diari di viaggio di Angelo Secchi SJ (1860-1875)*. A cura di I. Chinnici. 2022, xxiv-152 pp. con figure e disegni n.t.

ARCHIVIO DELLA CORRISPONDENZA DEGLI SCIENZIATI ITALIANI

1. Jacopo Riccati - Antonio Vallisneri, *Carteggio (1719-1729)*. A cura di M.L. Soppelsa. 1985, 184 pp.
2. *La corrispondenza di Pietro Mengoli*. A cura di G. Baroncini e M. Cavazza. 1986, ii-204 pp.
3. Bonaventura Cavalieri, *Carteggio*. A cura di G. Baroncelli. 1987, 272 pp. con ripr. n.t.
4. Benedetto Castelli, *Carteggio*. A cura di M. Bucciantini. 1988, iv-316 pp.
5. *Ulisse Aldrovandi e la Toscana. Carteggio e testimonianze documentarie*. A cura di A. Tosi. 1989, 476 pp. con 19 tavv. f.t.
6. Celestino Galiani - Guido Grandi, *Carteggio*. A cura di F. Palladino e L. Simonutti. 1989, 304 pp. con 6 tavv. f.t.
7. Teodoro Bonati, *Carteggio scientifico. Lorgna, Canterzani, Frisi, Saladini, Calandrelli, Venturi*. A cura di M.T. Borgato, A. Fiocca e L. Pepe. 1992, viii-296 pp.
8. Guido Grandi - Jacob Hermann, *Carteggio (1708-1714)*. A cura di S. Mazzone e C.S. Roero. 1992, iv-244 pp.
9. Anton Lazzaro Moro, *Carteggio (1735-1764)*. A cura di M. Baldini - L. Conti - L. Cristante - R. Piutti. 1993, 176 pp.
10. Macedonio Melloni, *Carteggio (1819-1854)*. A cura di E. Schettino. 1994, iv-548 pp. con 7 tavv. f.t. e 12 figg. n.t.
11. Giambattista Guglielmini, *Carteggio (1818-1847)*. De diurno terrae motu. *Canterzani, Iso- lani, Matteucci, Bonfioli Malvezzi, Caldani, Calandrelli, Bonati*. A cura di M.T. Borgato e A. Fiocca. 1994, 224 pp. con figg. n.t.
12. Ferdinando Visconti, *Carteggio (1818-1847)*. A cura di V. Valerio. 1995, 240 pp. con 16 figg. f.t.
13. Jacopo Riccati - Giovanni Poleni, *Carteggio (1715-1742)*. A cura di M.L. Soppelsa. 1997, 350 pp. con 12 tavv. f.t.
14. Giorgio Baglivi, *Carteggio (1679-1704). Conservato nella Waller Collection presso la University Library «Carolina Rediviva» di Uppsala*. A cura di A. Toscano. 1999, 364 pp. con 3 ill. n.t.
15. *L'epistolario Cremona-Genocchi (1860-1866). La costituzione di una nuova figura di matematico nell'Italia unificata*. A cura di L. Carbone, R. Gatto, F. Palladino, 2001, 252 pp. con 4 tavv. f.t.
16. Giuseppe Peano - Louis Couturat, *Carteggio (1896-1914)*. A cura di E. Luciano e C.S. Roero. 2005, lxx-256 pp.
17. *Dalla "moderna geometria" alla "nuova geometria italiana": viaggiando per Napoli, Torino e dintorni. Lettere di Sannia, Segre, Peano, Castelnuovo... e altri a Federico Amodeo*. A cura di F. Palladino e N. Palladino. 2006, lx-572 pp.
18. *La corrispondenza epistolare tra Niccolò De Martino e Girolamo Settimo. Con un saggio sull'inedito* Trattato delle Unghiette Cilindriche *di Settimo. (Calcolo infinitesimale Algebra Geometria tra Roger Cotes e Leonhard Euler)*. A cura di N. Palladino, A.M. Mercurio e F. Palladino. 2008, 208 pp. con 3 tavv. f.t.

19. *Per la costruzione dell'Unità d'Italia. Le corrispondenze epistolari Brioschi-Cremona e Betti-Genocchi.* A cura di N. Palladino, A.M. Mercurio e F. Palladino. 2009, xxxviii-284 pp. con 1 figg. n.t.

BIBLIOGRAFIA ITALIANA DI STORIA DELLA SCIENZA
A cura di M. Bucciantini e A. C. Citernesi

Vol. I (1982). 1985, xvi-164 pp.
Vol. II (1983). 1986, 200 pp.
Vol. III (1984). 1987, 188 pp.
Vol. IV (1985). 1989, 196 pp.
Vol. V (1986). 1990, 176 pp.
Vol. VI (1987). 1991, 192 pp.
Vol. VII (1988). 1993, 200 pp.
Vol. VIII (1989). 1993, 204 pp.
Vol. IX-X (1990-1991). 1994, 348 pp.
Vol. XI (1992). Addenda (1982-91). 1995, xvi-260 pp.
Vol. XII-XIII (1993-94). 1996, 362 pp.
Vol. XIV-XV (1995-1996). 1998, 476 pp.

La *Bibliografia* prosegue solo in versione on-line ed è consultabile presso l'Home-Page del Museo Galileo - Istituto e Museo di Storia della Scienza: http://www.museogalileo.it